职业道德与法律基础

主　编　杨俭修　孟桂芹
　　　　冯建立　苏运来

山东人民出版社
国家一级出版社 全国百佳图书出版单位

编委会成员名单

目　录

职业道德

学习目标

1. 懂得职业道德对于完善人格、成就事业、促进社会和谐发展的意义；

2. 了解职业道德基本规范；

3. 增强敬业爱岗精神和诚信、公道、服务、奉献等职业道德意识，逐步养成良好的职业行为习惯。

案例导入

格桑德吉，女，河北师范大学民族学院 1997 届毕业生。2013 年 9 月被评为"最美乡村教师"。2014 年 2 月 10 日晚，格桑德吉荣获"2013 感动中国人物"称号。为了让雅鲁藏布江边、喜马拉雅山脚下的门巴族孩子有学上，格桑德吉毫不犹豫地放弃拉萨的工作，主动申请到山乡小学。她的教育梦想就是让门巴族孩子都能上学。格桑德吉老师所在的帮辛乡小学是墨脱最后一个通公路的乡，因常年泥石流、山体滑坡，从未有过完整的路。为了劝学，12 年来格桑德吉老师天黑走悬崖，在满是泥石流、山体滑坡的道路上频繁往返；为了孩子们不停课，别村缺老师时她不顾六个月身孕，背起糌粑上路；为了把学生平安送到家，每年道路艰险、大雪封山时，作为校长的格桑德吉跟男老师一样，过冰河、溜铁索、走悬崖峭壁，把四个月才能回一次家的学生们平安送到父母的身边。在格桑德吉老师十二年如一日的努力下，门巴族孩子从最初失学率 30%，变成今天的入学率 95%。12 年来，她教的孩子有 6 名考上大学、20 多名考上大专、中专，而她自己的孩子却留在了拉萨，一年才能见一次。村民们亲切地称她为门巴族的"护梦人"。"感动中国人物"颁奖词中这样说道："不想让乡亲的梦，跌落于山崖。门巴的女儿执意要回到家乡，坚守在雪山、河流之间。她用一颗心，脉动一群人的心，用一点光，点亮山间更多的灯火。"

思考 格桑德吉为什么能够"感动中国"？

第一节　恪守职业道德

一、走近职业道德

（一）职业道德的含义

道德是一种社会意识形态，是人们共同生活及其行为的准则与规范。道德往往代表着社会的正面价值取向，起判断行为正当与否的作用。职业道德，就是同人们的职业活动紧密联系的符合职业特点要求的道德准则、道德情操与道德品质的总和。它既是本职人员在职业活动中的行为标准和要求，同时又是职业对社会所负的道德责任与义务。

（二）职业道德的特点

1. 行业性

在内容方面，职业道德总是要鲜明地表达职业义务和职业责任，以及职业行为上的道德准则。职业道德不是一般地反映阶级道德或社会道德的要求，而是着重反映本职业特殊的利益和要求；不是在一般意义的社会

> **名人名言**
>
> 实际上，每一个阶级，甚至每一个行业，都有各自的道德。
>
> ——［德］恩格斯

实践基础上形成的，而是在特定的职业实践基础上形成的。因而，它往往表现为某一职业特有的道德传统和道德习惯，表现为从事某一职业的人们所特有的道德心理和道德品质。这种为某一特定职业所具有的道德传统、道德心理和道德准则，还往往在这一职业中世代相传，造成从事不同职业的人们，在道德品貌上的差异，以致使人有"隔行如隔山"的感觉。

2. 广泛性

职业道德是职业活动的直接产物。只要有职业活动，就体现一定的职业道德，职业道德渗透在职业活动的各个领域。职业活动多种多样，职业道德也因而具备了广泛性。

3. 实用性

在形式方面，特别是在职业道德的行为准则的表达形式方面，往往比较具体、灵活、多样。各种职业集体对从业人员的道德要求，总是从本职业的活动和交往的内容与方式出发，适应于本职业活动的客观环境和具体条件。因而，它往往不仅仅只是原则性的规定，而且是很具体的。在表达上，往往采取诸如制度、章程、守则、公约、须知、誓词、保证、条例等简洁明快的形式。这样做，比较容易使从业人员接受和践行，比较容易使从业人员形成本职业所要求的道德习惯。

4.时代性

职业道德作为一种社会意识，是道德在职业生活中的具体体现，是一般道德原则和规范的重要补充。社会生产力的发展水平和生产方式，以及占统治地位的阶级的制约，决定了职业道德的时代性。

（三）职业道德的作用

1.调节职业工作者与服务对象间的关系

职业道德的基本职能是调节职能。它一方面可以调节从业人员内部的关系，即运用职业道德规范约束职业内部人员的行为，促进职业内部人员的团结与合作；另一方面，职业道德又可以调节从业人员和服务对象之间的关系。

2.调节职业内部的关系，提高本行业的信誉

一个行业的信誉，也就是它的形象、信用和声誉，是指行业及其产品与服务在社会公众中的信任程度，提高行业的信誉主要靠产品的质量和服务质量，而从业人员职业道德水平，是产品质量和服务质量的有效保证。若从业人员职业道德水平不高，很难生产出优质的产品和提供优质的服务。

3.调节行业之间的关系，促进本行业的发展

一个行业、一个企业的发展有赖于高的经济效益，而高的经济效益源于高的员工素质。员工素质主要包含知识、能力、责任心三个方面，其中责任心是最重要的。而职业道德水平高的从业人员其责任心是极强的，因此，职业道德能促进本行业的发展。

4.促进职业人员的成长，提高全社会的道德水平

职业道德是整个社会道德的重要内容。职业道德一方面涉及每个从业者如何对待职业，如何对待工作，同时也是一个从业人员的生活态度、价值观念的体现。良好的职业道德是一个人的道德意识、道德行为发展成熟的标志，具有较强的稳定性和连续性。职业道德也是一个职业集体，甚至一个行业全体人员的行为表现。如果每个行业、每个职业集体都具备优良的职业道德，对整个社会道德水平的提高肯定会发挥重要作用。

二、职业道德的内容

职业道德的主要内容是爱岗敬业、诚实守信、办事公道、服务群众、奉献社会。

（一）爱岗敬业

爱岗就是热爱自己的工作岗位，热爱本职工作。敬业就是要用一种恭敬严肃的态度对待自己的工作。敬业可分为两个层次，即功利的层次和道德的层次。爱岗敬业作为最基本的职业道德规范，是对人们工作态度的一种普遍要求。爱岗敬业就是认真对待自己的岗位，对自己的岗位职责负责到底，无论在任何时候，都尊重自己的岗位的职责，在自己的岗位上勤奋有加。爱岗敬业是人类社会最为普遍的奉献精神，它看似平凡，实则伟大。一份职业，一个工作岗位，都是一个人赖以生存和发展的基础保障。

一个工作岗位的存在，往往是人类社会存在和发展的需要。所以，爱岗敬业不仅是个人生存和发展的需要，也是社会存在和发展的需要。爱岗敬业应是一种普遍的奉献精神。只有爱岗敬业的人，才会在自己的工作岗位上勤勤恳恳，不断地钻研学习，一丝不苟，精益求精，才有可能为社会、为国家做出崇高而伟大的贡献。焦裕禄、孔繁森、郑培民等一大批党和人民的好干部都是在本职工作岗位上呕心沥血，勤政为民；当"非典"疫情袭来时，一大批平时并不引人注目的医生、护士和科研人员，挺身而出，冒着生命危险，冲上第一线，拯救了一个个在死亡线上挣扎的同胞的生命，甚至有人为此献出了自己宝贵的生命。

爱岗敬业有三个基本要求：乐业、勤业和敬业。乐业是爱岗敬业的前提，勤业是爱岗敬业的保证，敬业是爱岗敬业的条件。

（二）诚实守信

案例链接

一个中国留学生在日本东京一家餐馆打工，老板要求洗盆子时要刷6遍。一开始他还能按照要求去做，刷着刷着，发现少刷一遍也挺干净，于是就只刷5遍；后来，发现再少刷一遍还是挺干净，于是就又减少了一遍，只刷4遍。他暗中留意另一个打工的日本人，结果发现他还是老老实实地刷6遍，速度自然要比自己慢许多。该留学生出于"好心"，悄悄地告诉那个日本人说，可以少刷一遍，看不出来的。谁知那个日本人一听，竟惊讶地说："规定要刷6遍，就该刷6遍，怎么能少刷一遍呢？"

1. 诚实守信是从业人员不可缺少的道德品质

诚实，即忠诚老实，就是忠于事物的本来面貌，不隐瞒自己的真实思想，不掩饰自己的真实感情，不说谎，不作假，不为不可告人的目的而欺瞒别人。守信，就是讲信用、

名人名言

人而无信，不知其可也。
——《论语·为政》

讲信誉，信守承诺，忠实于自己承担的义务，答应了别人的事一定要去做。忠诚地履行自己承担的义务是每一个现代公民应有的职业品质。对人以诚信，人不欺我；对事以诚信，事无不成。

诚实守信是做人的基本准则，也是职业道德的精髓。诚实守信在职业道德行为中的首要表现就是诚信劳动。古人云："君子爱财，取之有道。"市场经济虽然为人们提供了发财致富的条件，但财富必须是通过诚实劳动取得的，而绝不能发不义之财。信誉是

各行各业的立足之本，是社会主义职业道德的内在要求。讲信誉既是做人的准则，也是职业道德的起码要求。

2. 如何成为诚实守信的从业人员

要成为诚实守信的从业人员，必须做到：树立以诚信为荣，以虚假为耻的道德观念；坚持遵守诚实守信的道德规范；要信守诺言，言行一致；必须旗帜鲜明地反对欺诈行为。要能够正确对待利益问题；要开阔自己的胸襟，培养高尚的人格；要树立进取精神和事业意识。

案例链接

在第四届全国道德模范评选中，河北省保定市"油条哥"餐饮管理有限公司经理刘洪安被评为"诚实守信模范"。生于1980年的刘洪安从保定财贸学校毕业后，换过很多工作，最终自谋职业卖起早点。他秉承"己所不欲，勿施于人""健康用油，杜绝复炸"的经营理念，使用一级大豆色拉油，坚持炸制用油每天一换，并在油锅边放置"验油勺"，供顾客随时检验。

"油条哥"刘洪安先后获评"保定好人"称号，应邀参加中国食品安全论坛并做现场发言，获授家乡"诚实守信道德模范"，当选2012年6月份"中国好人榜"诚实守信好人，并于2013年1月当选河北省人大代表。

2013年7月16日，第四届全国道德模范候选，刘洪安以"诚实守信道德模范候选人"入围。其道德点评为：没有炒作，没有创新，没有秘方，只有良心，只有诚信，只有责任。

（三）办事公道

办事公道就是指在办事情、处理问题时，要站在公正的立场上，对当事双方公平合理、不偏不倚，不论对谁都是按照一个标准办事。公道与公平、公正，含义大致相同，意指坚持原则，按照一定的社会标准待人处事。公正是几千年来为人们所称道的职业道德。人是有尊严的，人们都希望自己与别人一样受到同等的对待，企盼在法律面前人人平等，自古就有"王子犯法与庶民同罪"的说法。因此人们一直歌颂那些秉公办事、不徇私情的清官明主，如宋朝的包拯，家喻户晓，老少皆知。

公平并不是平均。以往我们在计划经济体制下，认为平均就是公平，不平均就是不

名人名言

待人不公正比受到不公正的待遇更有失体面。

——［古希腊］柏拉图

公平，这是非常错误的。公平是指人们的社会地位的平等，受教育的权利、劳动的权利的平等，多劳多得，少劳少得，不劳动不得食，每个人都一样没有特权。公正是为了保证每个人在社会上的合法地位和平等权利。如果办事不公正，徇私舞弊，势必会损害社会主义平等竞争的原则，形成不正当竞争，造成新的不平等，就会对社会各方面产生消极的影响，最终会阻碍社会经济的发展。办事公道要求我们必须做到：要照章办事，一视同仁；要客观公正，不徇私情；要勇于同不正之风做斗争；要不谋私利，反腐倡廉。

（四）服务群众

服务群众是社会主义职业道德的目标和归宿。服务群众是社会主义职业道德区别于其他社会职业道德的本质特征。服务群众就是为人民群众服务，是社会全体从业者通过互相服务，促进社会发展、实现共同幸福。服务群众是一种现实的生活方式，也是职业道德要求的一个基本内容。

> **名人名言**
>
> 人的生命是有限的，可是，为人民服务是无限的，我要把有限的生命，投入到无限的为人民服务之中去。
>
> ——雷锋

服务群众具有重要的意义：首先，服务群众有助于实现人生价值。任何一个正当职业都是服务群众的岗位，每一个从业者只要在自己的工作岗位上全心全意为人民服务，就是在为社会做贡献，就能实现自己的人生价值。其次，服务群众有利于建立和谐的人际关系。如果各行各业的人们都在各自的工作岗位上全心全意为人民服务，就能形成"人人为我，我为人人"的和谐人际关系。最后，服务群众直接关系到企业的经营效果。只有为人民提供优质产品和服务，不断强化服务群众的意识，企业才能实现利益最大化。

服务群众的具体要求是：必须树立全心全意为人民服务的思想观念；必须有良好的服务态度；必须掌握服务群众的高超技能。

案例链接

《北京晨报》的一则报道说：一公共汽车司机在行车途中突发心脏病，临死前他用最后一丝力气踩住了刹车，保证了车上二十多个人的安全。然而他却趴在方向盘上离开了人世。他生命的最后举动，说明在他心里，时刻想到的是要对乘客的安全负责。他虽然是一个普通人，却体现出高尚的人格和职业道德。

（五）奉献社会

奉献社会是指从业人员把自己的全部智慧和力量投入到为社会、为集体、为他人的服务中去，这是集体主义职业道德原则的最高体现，是各行各业都必须遵守的职业道德基本规范。所谓奉献，就是不期望等价的回报和酬劳，而愿意为他人、为社会或为真理、为正义献出自己的力量，包括宝贵的生命。奉献社会不仅要有明确的信念，而且要有崇高的行动。正因为如此，奉献社会就是社会主义职业道德的本质特征。

奉献社会并不意味着不要个人的正当利益，不要个人的幸福。恰恰相反，一个自觉奉献社会的人，他才真正找到了个人幸福的支撑点。个人幸福是在奉献社会的职业活动中体现出来的。个人幸福离不开社会的进步和祖国的繁荣。幸福来自劳动，幸福来自创造。当我们伟大的祖国进一步繁荣富强的时候，我们每个人的幸福自然就包括在其中。奉献和个人利益是辩证统一的。奉献越大，收获就越多。一个只索取不奉献的人，实质上是一个不受人们和社会欢迎的个人主义者。奉献社会的精神主要强调的是一种忘我的全身心投入精神。当一个人专注于某种事业时，他关注的是这一事业对于人类、对于社会的意义。他为此而兢兢业业，任劳任怨，不计较个人得失，甚至不惜献出自己的生命。这就是伟大的奉献社会的精神。

奉献社会要求我们坚持集体主义原则，正确处理个人利益、集体利益和国家利益的关系，必须做到：立足本职工作岗位，持之以恒地进行创造和奉献。拜金主义和个人主义的特点是一切以个人利益为出发点和归宿，把金钱看得高于一切，我们必须要坚决反对。

案例链接

林俊德：最后的"冲锋"

林俊德，男，汉族，1938年3月生，中共党员，生前系中国人民解放军63650部队研究员。1960年毕业于浙江大学机械系。1993年晋升为少将军衔。2001年当选为中国工程院院士。

这是令人动容的一幕：一位脸上戴着氧气罩、身上插着各种医疗管线的垂危老人，在人们的搀扶下迈向病房中的办公桌……"我要工作！""就1小时，我等不了。"如同重伤的黄继光向着枪眼那最后的一扑，这悲壮的一幕，凝成了一位中国工程院院士最后的冲锋姿态。林俊德院士走了，留给人们的，永远是那个冲锋的背影。生命中的最后3天，林俊德让人把办公桌搬进病房，争分夺秒地整理科研资料。但悭吝的时间不肯给这位可敬的科学家临终的从容。来不及把笔记本上5条提纲的内容填满，来不及整理完电脑中全部文档，甚至来不及给亲人以更多的嘱托和安慰，2012年5月31日21时15分，这颗赤子之心便匆匆停止了跳动。此时距林俊德最后一次离开办公电脑只有5个小时。

第二节　提升道德境界

人的能力、才华固然重要，它们是人立足社会的"本"，但是品德修养更重要，它是立足社会的"根"，所以我们应该在日常学习、生活中注重职业道德行为的养成。

一、职业道德行为的养成

职业道德行为是指从业者在一定的职业道德认知、情感、意志、信念的支配下所采取的自觉活动。对这种活动按照职业道德规范要求进行有意识的训练和培养，称之为职业道德行为养成。

案例链接

大陆某高校一批青年学子在同香港一位知名的爱国企业家座谈时，有这样一段对话：

"请问您的企业需要什么样的人才？"

"要德才兼备。"

"德才两者，哪个优先？"

"德！有德的人至少可以找到适合他的工作岗位；缺德的人我们企业坚决不要。"

"您所指的德是什么？"

"首先是社会公德，职业道德。"

"为什么？"

"大陆来的个别毕业生，根本不遵守签订的合乎法律的合同，干了几个月，把公司借给他的公用财物囊括而去，不辞而别，逃之天天了。这怎么行？没有起码的社会公德和职业道德！这种人怎么可以相信？怎么可以聘用？没有他们比有他们好。"

上述案例中香港企业家的回答，提出了现代企业乃至现代社会评价和选拔人才的标准，同时也是对我们培养人才质量欠佳的尖锐批评。新的时代、新的社会环境，需要大量德才兼备的人才，如果我们培养的人才，不爱国，不顾公共利益，缺乏职业道德，只要利己就什么都干得出来，确实会贻害无穷。

毫无疑问，现代化社会需要有道德的现代人。道德素质的培养要放在素质教育的首要地位来考虑。爱因斯坦说得好："第一流的人物对于时代和历史进程的意义，在道德品质方面，也许比单纯的才智方面还大。"

职业道德行为养成具有目的性、主动性、长期性、自觉性的特点，因此，我们应该从当下做起，从小事做起。

外部的影响与约束作用是职业道德行为养成的初级阶段，自律是职业道德行为养成的高级阶段。从职业道德义务升华到职业道德良心，才能达到职业道德行为养成的最高境界。

道德修养靠实践，职业道德行为养成同样靠实践。在职业实践中，从业者应该以积极的职业态度，努力践行职业道德规范并将之内化于心、外化于行，提高自身职业道德行为养成。

二、职业道德行为养成的途径和方法

（一）在日常生活中培养和锻炼

职业道德行为的最大特点是习惯性和自觉性，而培养人的良好习惯的载体是日常生活。因此，每一个学生都要紧紧抓住这个载体，有意识地坚持在日常生活中培养自己的良好习惯，使习惯成为自然。

> **名人名言**
>
> 勿以恶小而为之，勿以善小而不为。惟贤惟德，能服于人。
>
> ——［蜀汉］刘备

首先，要从小事做起，严格遵守行为规范。行为规范，是社会群体或个人在参与社会活动中所遵循的规则、准则的总称，是社会认可和人们普遍接受的具有一般约束力的行为标准。行为规范是在现实生活中根据人们的需求、好恶、价值判断，而逐步形成和确立的，是社会成员在社会活动中所应遵循的标准或原则。行为规范是建立在维护社会秩序理念基础之上的，因此对全体成员具有引导、规范和约束的作用，它引导和规范全体成员可以做什么、不可以做什么和怎样做，是社会和谐重要的组成部分，是社会价值观的具体体现和延伸。从小事做起，就要求同学们在日常生活中按照各种规范严格要求自己。

案例链接

几个人驾车，从澳大利亚的墨尔本出发，去往南端的菲利普岛（澳洲著名的企鹅岛）看企鹅归巢的美景。从车上的收音机里他们得知，企鹅岛上正在举行一场大规模的摩托车赛。估计在他们到达企鹅岛之前，摩托车赛就要结束，到时候会有成千上万辆汽车往墨尔本方向开。由于这条路只有两车道，所以他们都担心会塞车，并会因此错过观赏的最佳时间。

担心的时刻终于来了。离企鹅岛还有60多公里时，对面蜂拥而来大批的车辆。其中有汽车，还有无数的摩托车。可是他们的车却畅通无阻！后来他们终于注意到对面驶来的所有车辆，没有一辆越过中线！这是一个左右极不"平衡"的车道，一边是空空的道路，一边是密密麻麻的车子。然而没有一个"聪明人"试图去破坏这样的秩序，要知道，这里是荒凉的澳洲最南端，没有警察，也没有监视器，有的只是车道中间的一道白线，看起来没有任何约束力的白线。这种"失衡"的图景在视觉上似乎没有美感可言，可是却令人渐渐地感受到了一种震撼。

其次，从自我做起，自觉养成良好习惯。良好的职业习惯来自于较高的职业综合素质和自觉的职业行为。所以同学们要从自我做起，严格要求自己，持之以恒，养成良好的行为习惯。

案例链接

吉林中百商厦"2·15"火灾惨剧，竟是因商厦一名雇员随手扔出的一个没有熄灭的烟头引起。烟头引燃了仓库，结果大火烧死54人。这名火灾肇事者最后被判刑7年，宣判前，他向记者说："如果世界上有后悔药，就是用我的命去换，我也干，哪怕因此仅能挽救一个在火灾中丧生的人也值得……枪毙我都活该。"偶然性里总是有其必然性。在火灾发生前，消防部门就发现存在一些安全隐患，并就此向中百商厦下达了《责令限期改正通知书》，但中百商厦的主要负责人却没有落实。

（二）在专业学习中训练

首先，要增强职业意识，遵守职业规范。职业意识是作为职业人所具有的意识。职业意识是人们对职业劳动的认识、评价、情感和态度等心理成分的综合反映，是支配和调控全部职业行为和职业活动的调节器，它包括创新意识、竞争意识、协作意识和奉献意识等方面。职业意识是职业道德、职业操守、职业行为等职业要素的总和。职业意识是约定俗成、师承父传的。职业意识是用法律、法规、行业自律、规章制度、企业条文来体现的。职业意识有社会共性的，也有行业或企业内共通的。

其次，要重视技能训练，提高职业素养。技能训练即职业技能训练。职业技能是从业者最基本的职业素质，也是每一位同学必须不断提高的。

案例链接

　　赵国峰，男，45岁，中共党员，开滦（集团）唐山矿业公司采煤二区采煤机组组长，工人技师。1978年，赵国峰入矿当了一名采煤工，与矿山结下了深深的"煤海情缘"。走进开滦这支"特别能战斗"的集体，他受到了光荣传统的熏陶，开滦一代代劳模的精神鼓舞着他。他凭着一股子热情，学着劳模的样子走，忘我工作，不计个人得失，样样工作走在前头。从入矿到国家号召煤炭行业限产压库的1996年，19年时间里，他连班加点献工时14935个小时，约合1867个工作日。19年来，他献出了一座煤山，为国家多出煤24万多吨，创造效益3000万元，成为开滦工人心系矿山、爱岗敬业为国家多出煤做贡献的典范。

　　1996年，国家号召煤炭行业限产压库，身为职工代表、省劳动模范的赵国峰，给自己提出了更高的要求，他说："我作为一线采煤工人，首先应该做到的就是千方百计提高操作技术，生产出成本低、质量好的煤，增强市场竞争力，提高经济效益。"唐山矿是开滦煤矿最老的矿井，这里有闻名中外如今仍在服役的"中国第一井"，122年的开采历史，造成井深巷远，地质条件十分复杂。赵国峰针对矿井的特殊困难持续攻关，几年来，他的业余时间几乎全用在了钻研技术上。只有初中文化的他，熟读了《采煤司机应知应会》《采煤工艺》《煤矿机械》《矿山压力》等20多本煤矿专业书籍，记了20多万字的学习笔记。他以惊人的毅力，学习、探索、实验。根据"采场覆岩运动规律""支撑压力分布规律""矿山应力显现规律"等原理，他锲而不舍地进行技术改革创新。围绕高档普采工艺在特殊地质条件下的应用，他先后发明总结了"三直一平割煤法""漂刀加卧刀崩梁窝采煤法""小循环快速移溜移架操作法"等14种采煤新方法，大幅度提高了效率，降低了成本，确保了安全生产。

　　赵国峰以过硬的本领，挑战新工艺、新设备、新技术，把科学技术转化为直接生产力；他不断增强职业意识、遵守职业规范、重视技能训练、提高职业素养，成为新时期矿工的楷模。

（三）在社会实践中体验

　　"人的正确思想，只能从社会实践中来。"社会实践是人们发展成才的基础，也是实现知行合一的主要场所。

名人名言

纸上得来终觉浅，绝知此事要躬行。

——［南宋］陆游

首先，要参加社会实践，培养职业情感。毛泽东在《实践论》中说："马克思主义者认为人类的生产活动是最基本的实践活动，是决定其他一切活动的东西。"同学们养成职业道德必须要立足实践。

其次，要学做结合，知行统一。在社会实践中，把学和做结合起来，把学到的职业道德知识、职业道德规范运用到实践中，落实到职业道德行为中，以正确的道德观念指导自己的实践，理论联系实际，言行一致，知行统一。

案例链接

全国"五一"劳动奖章获得者张永江，是北京东城某局二队维修班班长。这个永远闲不住的年轻环卫工人，只有小学六年级的文化程度，可参加工作20年来，共有21项技术革新成果，3项获得国家专利。从一名普通的环卫工人成长为发明家，张永江用自己坚实的脚步，在人生道路走出了一串闪光的足迹。为了改变北京居民垃圾收运的落后情况，为了让环卫工人从恶劣的工作条件、繁重的体力劳动中解脱出来，张永江用自己微薄的工资买来各种书籍，刻苦自学，逐渐掌握机械原理、制图、车、钳、焊、铣等技术知识。他边学习边实践，结合本职工作，开展技术革新和发明创造。其发明的除锈机，结束了工人钻垃圾桶除锈的日子，并提高工效40倍。有人高薪聘他走，他说："我的根扎在我深深热爱的环卫事业上！"

张永江从清洁工到发明家的事迹，说明了立足实践、知行统一的必要性。

体验与践行

一、学生根据实际情况开展道德模范展或道德标兵评比活动，从自己的身边和小事之中感受道德之美。

二、学生走进身边的企业、走近身边普普通通的劳动者，开展访谈调研活动，看看能不能从中发现符合职业道德标准的楷模或者违反职业道德标准的反面事例。

职业素养

学习目标

1. 正确理解职业素养的内涵;

2. 认识职业素养的重要性;

3. 掌握提升职业素养的途径;

4. 能从职业技能、职场沟通、团队合作、时间管理和健康管理等方面全方位提升自己的职业素养。

案例导入

一家公司招聘公关部经理,有一百多人报名应聘。最后,一名小伙子有幸被公司选上。在应聘者中,这位小伙子的文凭最低,为什么会选他呢?人们感到不解。这家公司的经理解释说:因为他随身携带四张人生名片,让我最后选定了他。其一,他在门口蹭掉了脚下带的土,进门后随手关上门,这说明他是一个有"心"的人。一个有心的人,才不至于因疏忽人际关系小节而产生人与人之间的芥蒂。其二,当他看到一位残疾老人时,他立即站起来让座,这说明他是一个有"德"的人。一个有德的人,才能把握做事的分寸。其三,进了办公室,他先脱去帽子,这说明他是一个有"礼"的人。一个尊重别人的人,才会得到别人的尊重。其四,回答问题他总是机智幽默,这说明他是一个有"智"的人。一个充满智慧的人,在处理人际关系时,才能化干戈为玉帛,化腐朽为神奇。

思考 这位小伙子是如何在众多竞争者中脱颖而出的呢?

第一节　认识职业素养

职业素养是指职业内在的规范和要求，是个体在从事职业活动过程中表现出来的综合素质和能力。个体行为的总和构成自身的职业素养，个体行为是职业素养的外在表象。

知识链接

> 在汉语中，"素养"一词早已有之。《汉书·李寻传》载："马不伏历（枥），不可以趋道；士不素养，不可以重国。"这里"素养"一词的含义是修习涵养。"素质"一词也由来已久，《辞海》解释为："人的先天的解剖生理特点，主要是感觉器官和神经系统方面的特点。"现实生活中，人们往往把"素养"等同于"素质"。两者比较，"素养"更注重人的修为与努力，并含有由修为与努力带来的变化和结果。

一、职业素养的特征

职业素养具有4个特征。一是职业性。比如从事广播员工作，要嗓音圆润明亮、发音吐字清晰，而对建筑工人则没有这样严格的要求。二是稳定性。个人的职业素养是在长期执业实践中日积月累形成的。它一旦形成，便产生相对的稳定性。三是内在性。职业从业人员在长期的职业活动中，经过自己学习、认识和亲身体验，知道怎样做是对的，怎样做是不对的，从而有意识地内化、积淀和升华这一心理品质，这就是职业素养的内在性。四是发展性。个人的素养是通过教育、自身社会实践和社会影响逐步形成的，它具有一定的相对性和稳定性。但是，随着社会发展对人们不断提出新要求，人们为了更好地适应、满足社会发展的需要，总是不断地提高自己的素养，所以，职业基本素养具有发展性。

二、职业素养的构成

生活现象思考

为什么有的人学历低，工作却不错？

为什么有的学习成绩好的同学找工作却很困难？

为什么有的人总能够得到赏识和重用？

为什么有的人有一份不错的工作，也有不错的工作业绩，可升职、加薪却很慢？

为什么有的人总是处理不好职场中的人际关系？

为什么有的人频繁跳槽总是找不到感觉？

上述问题究其原因有很多，"职业素养"的高低是重要原因之一。有的同学也许专业知识和技能这些"硬件"不错，但是在思想品德、职业态度、自我形象这些"软件"方面有所欠缺，影响了求职或职业发展。个人职业素养必须满足岗位的基本需求。职业素养由两大部分构成，即专业素养和通用素养。

专业素养即专业知识和专业技能。作为职业院校学生要有扎实的专业基础知识，要有过硬的专业技能。"三百六十行，行行出状元"，没有过硬的专业知识，没有精湛的专业技能，就无法把工作做好，更不可能成为"状元"。专业素养是学生未来能否胜任某项工作的基础，是安身立命之本。在激烈的竞争中，专业素养很重要，是被用人单位看重的重要因素，特别是对技术性要求高的职业而言。岗位不同，专业素养的种类和要求标准也不同。专业素养可以通过各种学历证书、职业证书来证明，或者通过专业考试来验证。

通用素养包括职业道德、职业礼仪、职业意识、基本职业技能等。

职业道德是从业人员在职业活动中应遵循的道德准则和规范，"小胜靠智，大胜靠德"。只有具备良好的职业道德，才会在职业里行走自如。品德的败坏，只能让自己的职业生涯走向失败。

职业礼仪是一个人精神面貌、内在品质、文化素养、风度魅力的外在体现。作为一位现代职业人员，不知礼，则必失礼；不守礼，则必被视为无礼。

职业意识是从业者对职业的看法和态度，包括职业价值观、职业态度、对职业的定位规划等。职业价值观是指人生目标和人生态度在职业选择方面的具体表现，也就是一个人对职业的认识和态度以及他对职业目标的追求和向往。理想、信念、世界观对于职业的影响，集中体现在职业价值观上。职业态度是指个人对职业选择所持的观念和态度，包括选择方法、工作取向、独立决策能力与选择过程的观念等。对职业的定位和规划是指明确个人在职业上的发展方向并对个人职业进行持续系统的计划的过程。职业定位和规划应尽早开始。每个学生应明确：我是一个什么样的人？我将来想做什么？我能做什么？环境能支持我做什么？要充分地了解自己，对自己的优势和不足有一个客观公正的认识，结合环境明确自己的职业发展目标，并在实践中自行调整目标和规划。

基本职业技能，通常是指从事一般职业所需要的共同的技能，比如表达沟通、团队协作、解决问题、学习和创新、时间管理和健康管理等方面。

资料链接

联想集团的人才观

- 良好的道德素养
- 出色的专业素养
- 敬业的职业态度
- 危机意识和竞争意识
- 合作意识
- 善于学习、善于总结

人们往往重视专业素养的提升，而对通用素养重视不够，这很难从根本上提升个人和企业的核心竞争力。其实通用素养的强势可以弥补专业素养的不足，甚至一定情况下起到关键作用。因此要全方位培养学生的职业素养。

三、职业素养的重要性

（一）对个人而言，职业素养是立足职场的根本、职业发展的保障

职业素养代表了个人综合素质的高低，是单位衡量一个职业人成熟度的重要指标。职业素养越高，越容易被接受或欣赏。所以一个人能否顺利就业并取得成就，在很大程度上取决于其职业素养的高低。职业素养越高，成功的机会往往越多；如果缺乏职业素养，就很难取得突出的工作业绩，更谈不上建功立业。

案例链接

某职业技术学院的毕业生小周同学，在校期间勤奋好学，思想活跃，尤其重视实际能力培养，毕业前半年因其专业成绩、操作技能、外语成绩均很优秀，被学校推荐到新加坡一家跨国公司从事模具制造工作。小周在工作中踏实肯干，吃苦耐劳，同公司里上司和同事的关系处理得十分融洽，工作得心应手，两个多月后即能独立制造较复杂的模具。3年工作期满后，公司再三挽留他继续留职，许诺提薪并办理"绿卡"，但小周还是按时回国。他到深圳一家大型模具企业应聘业务主管，在面试中，人事部门经理看中了他的水平、能力和经历，但他的学历远不符合公司要求。经理直接带他去见董事长，董事长与小周谈了20分钟，当即任命他为项目工程师、业务主管。后来，进公司不到一年的小周又被提升为负责拉美国家业务的主管。小周成为公司十分倚重的高级管理人才。

思考：小周的职业之路给你什么启示？

近年来，高校毕业生的就业成为社会关注的热点问题。2013年高校毕业生的数量达到699万，2014年再增28万，达到727万，2015年高校毕业生达749万，再创历史新高。国家经济发展进入新常态，宏观就业压力不减，面临"史上最难就业季"这样的"压力山大时代"。在校学生需锤炼专业技能，不断提高职业素养；职业学校学生应把提高自身职业素养放在学习的重要位置，只有这样才能提高自身竞争力，找到中意的职业岗位。

（二）对单位而言，只有拥有具备较高职业素养的员工才能提高单位竞争力，实现生存和发展

一流的员工具备一流的职业素养，一流的员工队伍成就一流的企业。职业素养高的员工可以帮助企业节省成本，提高效率，从而提高企业在市场中的竞争力。当今不少毕业生找不到合适的工作，很多企业等用人单位也在叹息找不到中意的人选，这种现象说明了人才市场的供需矛盾，也说明了学生的职业素养难以满足用人单位的相关要求。不同的单位选人标准不同，但有一些共通之处：都青睐那些专业素养强、通用素养又高的求职者。

知识链接

哪些毕业生不受社会欢迎	企业必会辞退的几种人
● 只"专"不活的人	● 拉帮结派者：玩"公司政治"
● "尖利"、不合群的人	● 贪污受贿者：唯利是图，假公济私
● "朝气不足"的人	● 个人主义者：缺乏团队意识
● 学无所成的人	● 严重违纪者：为所欲为

- 缺乏个性特点的人
- 缺乏责任感的人
- 体弱多病的人
- 眼中揉不得沙子、暴脾气的人
- 意气用事地跳槽的人

- 造谣生事者：捕风捉影
- 吃里爬外者：职业道德差

（三）对国家来说，公民职业素养的高低直接影响国家的形象和实力

学生职业素养的高低关系到学生就业的质量，关系到为就业单位创造的价值，也直接关系到国家的形象和实力。国家是由个体组成的，"你站立的地方是你的国家，你怎么样，你的国家就怎么样"，我们每个人的素养决定了国家的经济社会发展和文明程度。比如，无论是"三鹿奶粉事件"还是官员的贪污腐败问题，都给国家形象造成严重损坏，给国家经济社会发展造成损失。我们可以学习借鉴其他国家的成功之处，提升我国公民的职业素养。

资料链接

需要"德国质量"更需要"德国精神"

2014年3月30日，国家主席习近平在中德工商界举行的招待会上说出了一句让国人思索的话：中国需要"德国质量"。德国是一个世界制造强国，德国产品以其过硬的质量在世界市场上创立了良好的声誉。德国的汽车、德国的高铁、德国的电器等，无一不得到广大消费者的认可和信赖，"德国制造"成了世界市场上高质量和高信誉的保证。探究其原因，德国精神是其根源。德国人认真、严谨、诚信，崇尚脚踏实地，把事情、产品做到极致，强调德国企业特质，主张工业技术和创造精神。

有报道称，同样一组零件，德国工人装出来的精度要比中国工人装出来的高许多。原因很简单，德国工人装配时，将所有的零件都清洗，所有的毛刺都处理掉，然后按照规范要求装配，这个简单的方法说白了就是两个字：认真。有人问过一个高级技工，为什么德国的东西就是好？他没有正面回答，只是举了一个小例子。他说，轿车里的烟灰缸只是个小玩艺，从买来到废弃，烟灰缸盖翻动的次数一般

不会超过一万次，而德国人所做的翻动烟灰缸盖的实验次数超过 10 万次。

德国最古老的私人银行之一、有着 300 多年历史的迈世勒银行的祖训是"欲速则不达"，即稳健第一、速度第二。不盲目求快，不浮不殆，关注精益求精，久久为功。就像一个在放大镜下组装手表的老匠人一样，他们孜孜不倦地追求的不是手表花样的翻新，而是走时更加精确、零件更加精细、质量更加精良。当然稳健不意味着守旧。根据欧洲专利局统计，德国的人均专利申请数量是法国的 2 倍，英国的 5 倍，西班牙的 18 倍。

当今中国已成为世界第二大经济体，但中国只是大国而非强国。中国需要"德国质量"，更需要"德国精神"。因为，只有当"德国精神"所昭示的敬业、认真、严谨、诚信等优秀品质，内植于广大国民心中，成为广大国民的自觉行动的时候，只有当社会的组织与组织之间，人与人之间是用完备的诚信体系和谐地联结在一起的时候，欺诈失信才会没有市场，造假贩假才会销声匿迹，产品质量才会全面提升，实业企业才会鸿运长久，中国才会从制造大国转向制造强国，中国人民才会富裕富足，中华民族伟大复兴的"中国梦"才会实现！而这，才应是习近平主席说出"中国需要'德国质量'"的深刻含意。

中国梦归根到底是人民的梦，必须紧紧依靠人民来实现，必须靠我们每一个人来实现。个人的力量虽小，但聚沙成塔、集腋成裘。每个职业人都要有主人翁精神，用良好的职业素养要求自己，在职业活动中为国家发挥自己的光和热，增添自己的一砖一瓦，争取早日实现中华民族伟大复兴的梦想。

名人名言

幸福不会从天而降，梦想不会自动成真。实现我们的奋斗目标，开创我们的美好未来，必须紧紧依靠人民、始终为了人民，必须依靠辛勤劳动、诚实劳动、创造性劳动。

——习近平

四、职业素养提升的途径

职业素养有先天因素，但重在后天养成，"十年树木，百年树人"，职业素养的提升是一个日积月累的过程。所以需要从学习和生活中，多途径培养学生的职业素养。

（一）加强学生自我职业素质培养

做事先要学会做人。学生要自觉培养职业意识，认识到工作的意义，用积极阳光的心态对待工作。学会尊重他人，尊重自我，树立责任心。在教师的指导下，做好职业生涯规划，实现校园人到社会人的完美蜕变。

资料链接

毕业生的追悔

一位临近毕业的大学生在给李开复老师的信中这样写道："就要毕业了。回头看自己所谓的大学生活，我想哭，不是因为离别，而是因为什么都没有学到。我不知道，简历该怎么写，若是以往我会让它空白。……最大的收获也许是对什么都没有的忍耐和适应……"

大学校园里流行这样一段话："曾经有一段美好的大学生活放在我的面前，我没有珍惜。等到虚度后才追悔莫及，人世间最痛苦的事莫过于此！如果上天能够再给我一次上大学的机会，我会对大学生活说三个字：'规划它！'如果一定要在这个规划前加一个时间，我会毫不犹豫地说：'从大一开始！'"

（二）发挥院校在学生职业素养提升中的作用

职业院校应改变传统重技能轻人文的教育观念，把学生通用职业素养尤其是职业道德的提升作为院校工作的重要组成部分。职业院校可以将学生职业素养的培养纳入学生培养的系统工程；成立相关的职能部门协助学生职业素养的培养，比如以就业指导部门为依托成立学生职业发展中心，并开设相应的课程，及时对大学生开展职业素养教育和提供实际的指导；树立教师的榜样作用是提升学生职业素养的有效途径，因此要强化教师基本道德素质和基本业务素养，给学生起到良好的示范和启发作用；开展校园活动，促进校园文化建设，如开展模拟求职、演讲比赛、辩论赛、礼仪大赛、素质拓展、调研大赛等活动，让学生在活动中感受团队合作的快乐，促进沟通能力、表达能力、职场礼仪、责任意识等职业素养的提升。

（三）获得社会资源在学生职业素养提升中的支持

比如利用校企合作与实践训练提升学生职业素养，给学生提供实习基地以及科研实验基地；企业家、专业人士走进高校，直接提供实践知识、宣传企业文化；完善社会培训机制，对学生进行专业的入职培训以及职业素质拓展训练等；广泛搭建社会实践、志愿服务平台，帮助学生强化社会责任感。

习近平总书记曾就加快职业教育发展作出重要指示：加快发展职业教育，让每个人都有人生出彩机会。只有在学生自身、院校和社会资源的共同努力下，提升学生职业素养，学生才能不断适应社会发展需求，创造人生出彩的机会。

第二节　提升职业素养

提升职业素养，要学习十二种动物精神

尽职的牧羊犬：作为一个新人，学习树立负责任的观念，会让主管、同事觉得孺子可教。抱着多做一点多学一点的心态，你很快就会进入状态。

团结合作的蜜蜂：新人进入公司，往往不知如何利用团队的力量完成工作。现代企业很讲究团队合作，这不但包括借由团队寻求资源，也包含主动帮助别人，以团体为荣。

坚忍执着的鲑鱼：新人由于对自己的人生还不确定，常常三心二意，不知自己将来要做什么。设定目标是首先要做的功课，然后就是坚忍执着地前行。途中当然应该停下来检视一下成果，变来变去的人，多半是一事无成。

远大的鸿雁：太多年轻人因为贪图一时的轻松，而放弃未来可能创造前景的挑战。要时时鼓励自己将目标放远。

目光锐利的老鹰：新人首先要学会明辨是非，懂得细心观察时势。一味接受指示，不分对错，将事倍功半。

脚踏实地的大象：大象走得很慢，却是一步一个脚印，累积雄厚的实力。新人切忌说得天花乱坠，却无法一一落实。脚踏实地的人会让别人有安全感，别人也愿意将更多的责任赋予你。

忍辱负重的骆驼：工作、人际关系，往往是新人无法承受之重。人生的路很漫长，学习骆驼负重的精神，才能安全地抵达终点。

严格守时的公鸡：很多人没有观念，上班迟到、无法如期交件等，都是没有时间观念导致的后果。时间就是成本，新人养成时间成本的观念，有助于提升工作效率。

感恩图报的山羊：你可以像海绵一样吸取别人的经验，但是职场不是补习班，没有人有义务教导你如何完成工作。学习山羊反哺的精神，有感恩图报的心，工作会更愉快。

勇敢挑战的狮子：大案子、新案子勇于承接，对于新人是最好的磨炼。若有机会应该勇敢挑战不可能的任务，借此累积别人得不到的经验，下一个升职的可能就是你。

机智应变的猴子：工作中的流程有些往往是一成不变的，新人的优势在于不了解既有的做法，而能创造出新的创意与点子。一味地接受工作的交付，只能学到工作方法的皮毛；能思考应变的人，才会学到方法的精髓。

善解人意的海豚：常常问自己——我是主管该怎么办？这有助于找到处理事情的方法。在工作上善解人意，会减轻主管、共事者的负担，也让你更具人缘。

职业素养的提升包括很多方面，其中职场沟通、团队合作、时间管理、健康管理等素养是重要方面。每个学生都应该在日常学习和生活中，努力提升职业素养，早日成为一名专业好、技能高、职业素养高的合格人才。

一、职场沟通

沟通，原意是挖沟使两水相通，后延伸为彼此通连、相通。沟通是人和人之间传递信息的过程，是为了达成共识，双方进行的一种双向交流方式。

职场沟通是职业发展所必需的一项重要技能。哈佛大学的一项调查结果显示，在5000名被解聘的人中，因人际沟通不良而导致工作不称职者占

> **名人名言**
>
> 太阳能比风更快地脱下你的大衣，仁厚、友善的方式比任何暴力更容易改变别人的心意。
>
> ——[美]卡耐基

82%。在影响一个人成功的因素中，人际关系占75%，天才和能力只占25%，而良好的沟通是保持和谐人际关系的前提。用人单位在招聘人选时，特别注重应聘者的沟通能力，被拒绝的通常都是难以沟通或缺乏沟通能力的人，而职位越高沟通能力越被看重。当文凭、履历相近时，沟通能力成了应聘者获取职位的一大法宝。因此，为了提升个人的职场竞争力，获得成功，就必须不断地运用有效的沟通方式和技巧，随时有效地与"人"接触沟通。

做一做

沟通能力自测

请阅读下面的情景性问题，选择你认为最合适的处理方法。请尽快回答，不要遗漏。

1.你上司的上司邀请你共进晚餐，回到办公室，你发现你的上司颇为好奇，此时你会：

A：告诉他详细内容

B：不透露蛛丝马迹

C：粗略描述，淡化内容的重要性

2.你正在主持会议，有一位下属一直以不相干的问题干扰会议，此时你会：

A：要求所有的下属先别提出问题，直到你把正题讲完

B：纵容下去

C：告诉该下属在预定的议程之前先别提出别的问题

3.当你跟上司正在讨论事情，有人打长途来找你，此时你会：

A：告诉对方你在开会，待会儿再回电话

B：告诉上司的秘书说不在

C：接电话，而且该说多久就说多久

4.有位下属连续四次在周末向你要求他想提早下班，此时你会说：

A：你对我们相当重要，我需要你的帮助，特别是在周末

B：今天不行，下午四点我要开个会

C：我不能再容许你早退了，你要顾及他人的想法

5.你刚好被聘为某部门主管，你知道还有几个人关注着这个职位，上班的第一天，你会：

A：把问题记在心上，但立即投入工作，并开始认识每一个人

B：忽略这个问题，并认为情绪的波动很快就过去

C：找个别人谈话以确认哪几个人有意竞争岗位

6.有位下属对你说："有件事我本不该告诉你，但你有没有听到……"你会说：

A：跟公司有关的事我才有兴趣听

B：我不想听办公室的流言

C：谢谢你告诉我怎么回事，让我知道详情

评分标准：A=1　B=0　C=0

如果你的得分在0—2分，表明你的沟通能力较低；如果你的得分在3—4分，表明你的沟通能力一般；如果你的得分在5—6分，说明你有较强的沟通能力。

如何才能做到有效沟通呢？

（1）拥有同理心。同理心即与当事人同在一个时空，并真正进入对方的内心世界，深刻地体会到当事人的内心感受，且把这种体会传达给当事人的一种沟通交流方式。在

人际交往中要学会将心比心，从对方的角度考虑问题，理解对方的处境、思维水平、知识素养，维护对方的自尊。

每个人都有着自己既定的立场，却忘了别人也和自己一样，有着固执的一面。与人沟通前，应试着先将自己的想法放下，真正设身处地站在对方的立场，仔细地为别人想一想。沟通其实没有想象中那么难。

（2）学会倾听。职场沟通中，倾听是很关键的一步。真正的倾听是一个积极主动的过程，不仅是耳朵听到相应的声音，而且是一种情感活动，需要通过面部表情、肢体语言和话语的回应，向对方传递一种信息——我很想听你说话，我尊重和关心你。

名人名言

上帝给我们两只耳朵、一张嘴，目的就是让我们多听少说。

——西方谚语

学会倾听，要鼓励对方先开口，表示兴趣，保持视线接触。要专心、认真，并适时回应倾诉者，比如用"哦""嗯""是这样啊""还有呢""接下来呢"之类的词语；也可以适当复述对方的观点和意见，显示你的确是在用心听，并且对他所说的内容很感兴趣。要耐心听对方说完，不要武断打断对方，更不可凭自己喜好选择性收听。

🕐 案例链接

煮熟的鸭子为什么飞走了

美国汽车推销之王乔·吉拉德曾有过一次深刻的体验。一次，某位名人来向他买车，他推荐了一种最好的车型给他。那人对车很满意，眼看就要成交了，对方却突然变卦而去。吉拉德为此事懊恼了一下午，百思不得其解。到了晚上11点，他忍不住打电话给那人："您好！我是乔·吉拉德，今天下午我曾经向您介绍一款新车，眼看您就要买下，却突然走了。这是为什么呢？"

"你真的想知道吗？"

"是的！"

"实话实说吧，小伙子，今天下午你根本没有用心听我说话。就在签字之前，我提到我的儿子吉米即将进密歇根大学读医科，我还提到他的学科成绩、运动能力以及他将来的抱负，我以他为荣，但是你毫无反应。"

吉拉德终于明白了煮熟的鸭子飞走的原因：没有用心听讲。在沟通过程中，如果不能够专心聆听别人的谈话，也就不能够"听话听音"，何谈机警、巧妙地回应对方呢？

（3）学会赞美。人们有受到尊重、被欣赏、被鼓励、被肯定的心理需求，人人都喜欢被赞美而不是被批评，受到赞美是人们心理上的需要。赞美是人与人沟通的润滑剂。赞美的方式包括美好的语言、眼神、点头、拥抱、跷拇指、击掌、微笑等。

赞美要真诚，要恰到好处，否则会适得其反。不切实际、夸张且虚情假意的赞美容易引起对方的反感，甚至给人产生油嘴滑舌、虚伪狡诈、不可信任的感觉。赞美要具体化。有意识地说出一些具体而明确的事情比空

名人名言

人性最深切的渴望就是获得他人的赞赏，这是人类之所以有别于动物的地方。
—— ［美］心理学家威廉·詹姆斯

泛含糊地赞美更有说服力和影响力。赞美要不失时机，善于发现对方的优点，积极反馈。在背后赞美人，是一种至高的技巧。

做一做

赞美练习

1. A、B 两组人，A 组成员找出 B 组成员身上的 5 个优点进行赞美，B 组成员做简要回答。

2. 身份交换，重来一次。

3. 怎样的赞美让你更喜欢？谈谈被赞美后的感受。

（4）恰到好处地运用肢体语言。美国心理学家佐治·米拉研究表明，沟通的效果来自文字的只有 7%，来自声调的有 38%，而来自身体语言的有 55%。这说明肢体语言在沟通中起到很大的作用。

沟通中要注意保持与人接触的距离；保持适当目光接触；注意手势的运用。手势是体态语言之一，在不同的国家、不同的地区，手势有不同的含义。当你与外国人打交道的时候，了解一下他们的手势语言有利于更好地沟通。

知识链接

手势的不同含义

● 手势表示数字。中国人伸出食指表示"1"，欧美人则伸出大拇指表示"1"；中国人伸出食指和中指表示"2"，欧美人伸出大拇指和食指表示"2"，并依次伸出中指、无名指和小拇指表示"3""4""5"。中国人伸出食指指节前屈表示"9"，日本人却用这个手势表示"偷窃"。中国人表示"10"的手势是将右手握成拳头，在英美等国则表示"祝你好运"！

● "OK"。伸出一只手，将食指和大拇指搭成圆圈。美国人用这个手势表示"OK"，是"赞扬"的意思；在印度，表示"正确"；在泰国，表示"没问题"；在日本、缅甸、韩国，表示"金钱"；在法国，表示"微不足道"或"一钱不值"；在巴西、希腊和意大利的撒丁岛，表示这是一种令人厌恶的污秽手势；在马耳他，却是一句恶毒的骂人话。

● 竖起大拇指。在中国竖起大拇指表示称赞、夸奖，了不起；在英国、澳大利亚和新西兰，旅游者常用它作搭车的手势；如果将大拇指向下，就成为侮辱人的信号；在日本，大拇指表示"老爷子"。

● 用食指和中指做出"V"字形手势在全球都可理解为"胜利"或"和平"。

● 用手前后挥舞。在中国，表示要召唤对面的人过来；而在日本，召唤宠物才用这个手势。

二、团队合作

资料链接

在圣经传说中，上帝创造了人类。随着人类的增多，上帝开始担忧，他怕人类的不团结会造成世界大乱，从而影响了他们稳定的生活。为了检验人类之间是否具备团结协作、互帮互助的意识，上帝做了一个试验：他把人类分为两批，在每批人的面前都放了一大堆可口美味的食物，并给每个人发了一双细长的筷子，要求他们在规定时间内，把桌上食物全部吃完，并不许有任何的浪费。

比赛开始了，第一批人各自为政，只顾拼命地用筷子夹取食物往自己的嘴里送，但因筷子太长，总是无法够到自己的嘴，而且因为你争我抢，造成食物极大的浪费。上帝看到此，摇了摇头，感到失望。轮到第二批人开始了，他们一上来并没有急着要用筷子往自己的嘴里送食物，而是大家一起围坐成了一个圆圈，先用自己的筷子夹取食物送到坐在自己对面的人的嘴里，然后，由坐在自己对面的人用筷子夹取食物送到自己的嘴里。就这样，每个人都在规定的时间内吃到了整桌的食物，并丝毫没有造成浪费。第二批人不仅享受了美味，彼此之间还增加了信任和好感。上帝看了，点了点头，为此感到高兴。

团队是指为了共同的目标而在一起工作的一些人组成的集合体。团队具有三层含义：达成共识，目标一致；清楚的角色认知和分工；合作精神。团队合作精神简单来说就是大局意识、协作精神和服务精神的集中体现。团队合作的基础是尊重个人的兴趣和成就，核心是协同合作，最高境界是全体成员的向心力、凝聚力，其反映的是个体利益和整体利益的统一，能够保证组

织的高效率运转。精诚合作会积聚力量、启发思维并能培养同情心、利他心和奉献精神。

相传佛教创始人释迦牟尼曾问他的弟子："一滴水如何才能不干涸？"他的弟子面面相觑，无法回答。释迦牟尼答道："把它放到大海里去。"这个大海就是社会。人是社会的人，都不能脱离他人而独立存在。日常生活中，无论从事什么职业都离不开与他人合作。合作可以使我们相互学习、相得益彰，从而产生 1+1>2 的整体效应。团队合作能使个人能力如虎添翼，使人分享到成功的愉悦。合作的结果不仅有利于自身，也有利于团队。对于即将迈入职场的学生来说，需要加强团队合作意识。

知识链接

大雁的团结协作

大雁总是成群飞行。飞行时，有时排成"人"字形，有时排成"一"字形。科学家通过实验证明，雁群以"人"字形飞行，比孤雁单独飞行能多飞 70% 的距离。因为当雁群以"人"字形飞行时，前面的雁振动翅膀在其身后能产生一个低气压的气流环境，从而减少了后面大雁的飞行阻力。假若前后位置在一定时间后相互交换，即每一个大雁的飞行行为都有助于其他大雁的飞行，就能使雁群更顺利地到达目的地。

在一个团队中，不可避免有竞争的存在。竞争是不同的个人或群体为了达到同一目标，按同一标准或规则与对方展开的竞赛与较量。竞争的规则是公平，道德和法律是竞争中必须遵守的基本准则。竞争有利于超越自我，开发潜能，激发学习热情，提高工作效率。竞争与合作不是互相排斥的，相反，两者常常是不可分割的，竞争中有合作，合作中有竞争。一个团体内部合作得好，有利于在团体间的竞争中取胜；同时，在合作的团体中也不排除个体之间的竞争，鼓励个体竞争，是团体保持活力和优势的内在动力。

怎样培养团队合作精神呢？

（1）自觉融入团队。这就需要绽放你的笑容，发挥你的勤勉，袒露你的真诚，遵守规章制度，提高工作效率。同时还要建立团队成员之间的相互信任。信任是成功合作的基石，是连接团队友谊的纽带。没有信任就没有合作。信任是一种激励，信任更是一种力量。

案例链接

黄总的烦恼

黄总是一个非常勤奋的创业者，他把一个只有几个人的小公司发展到今天规模上千人的中型企业。黄总凡事都亲力亲为，大小事务都由他来定夺，公司内部的员工也惧于他的威望，凡事听从安排，从不轻易决策。可是，黄总最近却非常苦恼，公司越做越大，客户越来越多，凡事都由自己来处理不但心有余而力不足，而且员工的工作热情和创新精神越来越少了，感觉一切事务都是等着他来处理。

思考：如果你是黄总，该怎么处理呢？

（2）放低姿态，谦虚谨慎。个人的知识和能力是有限的，不要觉得自己无所不知、无所不能，团队中的任何一位成员都可能是某个领域的专家，所以你必须保持足够的谦虚。没有人喜欢骄傲自大的人，这种人在团队合作中也不会被大家认可。依靠和利用团队成员的知识、经验和能力共同完成项目是明智的选择。

（3）敢于沟通，勤于沟通，善于沟通。一个人身处团队之中，良好的沟通是一种必备的能力。作为团队，成员间的沟通能力是保持团队旺盛生命力的必备条件；作为个体，要想在团队中获得成功，沟通是最基本的要求。

（4）善于化解矛盾，宽以待人。同学之间、同事之间有点小摩擦、小矛盾是正常的，适量的冲突会提高团队成员的兴奋度，激发团队成员的工作热情，提高团队凝聚力和竞争力。但不要把小的冲突演变成大对立，甚至成为敌对关系。宽以待人会收到意想不到的效果。

案例链接

"孙老虎"没发威

孙犁是一家公司的副总，做起事来雷厉风行，绝不拖泥带水，手下人都很怕他，背地里叫他"孙老虎"。一次，孙犁给下属小李打了一个电话，布置了一项重要且复杂的任务，并要求小李三天后给出结果。对于孙犁的指示，小李自然是满口答应了下来，可一挂电话，他就开始嘟囔起来："孙犁还真是个孙扒皮，这个任务怎么可能三天就做完？真不是人做的，简直是个神经病。"刚嘟囔完，小李一转头突然发现孙犁就站在自己背后看着自己。原来孙犁刚才布置完任务之后，觉得有些细节说得不够清楚，于是就想直接过来当面给小李嘱咐几句，结果刚好碰上小李抱怨。小李心里顿时感觉像腊月里被浇了一桶冰水，呆呆地看着孙犁。结果，孙犁只是对他笑了笑："小李，我刚才电话里没法讲得特别细，这里刚好有我以前研究过的一些材料，你拿去看看，有什么问题再来找我。"说完，孙犁转身进了办公室。小李一开始并未对孙犁的"不表示"感到庆幸，而是担心孙犁记恨在心，不由得忧心忡忡。三天后，小李因为处在担忧的状态，并没能很好地完成任务。而孙犁并没有像他想象的那样找他麻烦，只是指出了其中的几个问题，让他继续完善。一段时间后，小李明白孙犁并不打算计较那次背后的咒骂，才恢复了状态。

（5）主动关心帮助别人。关心帮助是相互的，你主动关心帮助别人，别人也会感恩，反过来会帮助你。关心和帮助是一种催化剂。它能激励斗志，促进合作，巩固团结，加深理解，在团队中起到不可或缺的润滑作用。

三、时间管理

人生最宝贵的资产，一项是头脑，一项是时间。时间具有供给毫无弹性、无法蓄积、无法取代、无法失而复得的特性，这决定了时间是最稀有的资源。卓有成效的职业人要最终体现在时间管理上，表现在能否科学地分析时间、利用时间、管理时间、节约时间，进而在有限的时间里实现自身职业价值的最大化。管理时间的水平高低，在一定程度上会决定事业的成败。

名人名言

> 洗手的时候，日子从水盆里过去；吃饭的时候，日子从饭碗里过去；默默时，便从凝然的双眼前过去。我觉察他去的匆匆了，伸出手遮挽时，他又从遮着的手边过去；天黑时，我躺在床上，他便伶伶俐俐地从我身上跨过，从我脚边飞去了。等我睁开眼和太阳再见，这算又溜走了一日。
>
> ——朱自清《匆匆》

做好时间管理，控制时间而不是被时间所控制，可以利用好时间，变被动为主动；能够减轻工作压力，从容地安排时间；可以提高工作效率，改善工作的质量；可以使人更智慧、更快乐地工作。时间管理好的人，是时间的主人，否则就是时间的奴隶。

案例链接

小张的大半天

某天早晨，小张在上班途中，信誓旦旦地下定决心，一到办公室即着手草拟下年度的部门预算。他很准时地于九点整走进办公室，但他并不立刻从事预算的草拟工作，因为他突然想到不如先将办公桌和办公室整理一下，以便在进行重要工作之前为自己提供一个干净与舒适的环境。他总共花了三十分钟的时间，才使办公环境变得有条不紊。他虽然未能按原定计划于九点钟开始工作，但他丝毫不感到后悔，因为三十分钟的清理工作不但已获得显而易见的成就，而且它还有利于以后工作效率的提高。他面露得意神色随手点了一支香烟，稍作休息。此时，他无意中发现桌上的一份商业报告内容十分吸引人，于是情不自禁地拿起来阅读。等他放下这份报告时，已经十点钟了。这时他略感不自在，因为他已自食诺言。

不过，商业报告毕竟是精神食粮，也是沟通媒体。身为企业的部门主管怎可以不关心商业信息，即使上午不看，下午或晚上也非补看不可。这样一想，他才稍觉心安。于是他正襟危坐地准备埋头工作。就在这个时候，电话铃响了，那是一位顾客的投诉电话。他连解释带赔罪地花了近四十分钟的时间才说服了对方、平息了怨气。挂上电话，他去了洗手间。在回办公室的途中，他闻到咖啡的香味。原来另一部门的同事正在享受"上午茶"，他们邀他加入。他心里想，预算的草拟是一件颇费心思的工作，若无清醒的脑筋难以胜任，于是他毫不犹豫地应邀加入，就在那儿言不及义地聊了一阵。回到办公室后，他果然感到精神奕奕，满以为可以开始致力于工作了。可是，乖乖！一看表，已经十一点二十分了，离十一点半的部门联席会议只剩下十分钟。他想反正这么短的时间内也办不了什么事，不如干脆把草拟预算的工作留待明天算了。

思考：小张在时间管理上，存在哪些问题？你的生活中存在类似问题吗？

时间是组成生命的材料，做好时间管理，才能增加时间的宽度和密度，使人生更加充实。

（1）明确目标。有目标才有结果，目标能够激发我们的潜能。

目标必须符合实际，即具有完成的可能性。但并不意味着目标应该是低下的或是容易实现的。一个不能轻而易举完成的目标更具有挑战性。所以，目标本身应该具有相当的难度，以及具有被完成的可能性。

目标必须用书面形式列明。书面目标不容易遗忘，而且有助于目标内容的清晰。目标必须具体而且可以衡量。含糊笼统的目标难以作为行动的指南。

目标必须具有期限。这是因为对于没有期限的目标，人们往往采取拖延的态度，标明期限有助于拟定恰当的行动纲领。

目标之间必须相互协调。同时追求多种目标时，必须事先化解存在于各个目标之间的冲突或矛盾，以免让管理者所获得的各种成果因相互抵消而徒劳无功。

（2）培养良好习惯。做事要有技巧，把事情分出轻重缓急、有主有次，集中精力完成重要工作；有效利用零碎时间，如等车、排队的时间；物归其所，物归原处，不乱放东西；手机和网络是时间的窃贼，所以要控制打电话的时间、上网的时间。

（3）根除拖延。很多人喜欢拖延，有拖延习惯的人在明日复明日中往往会错失很多机会。拖延是影响工作效率的主要因素之一，因此我们应该努力克服拖延。

做一做

你属于哪种行为模式？

考拉型	狮子型
● 放松	● 紧迫感
● 作决定需要一定时间	● 喜竞争
● 走路、动作缓慢	● 走路、动作较快
● 若有所思	● 进餐迅速
● 乐于倾听	● 讨厌耽搁
● 耐心	● 不耐心

解决拖延首先得承认拖延是一种无益的生活方式，由此改变思维方式：正因为这种任务令人不愉快，但必须完成，所以我应该立即做完它以便尽早忘掉它。

解决拖延可以把大任务分解，各个击破。令人不愉快或令人感到困难的事，若能细分为许多件小事，且每次只处理其中的一件，则这种方法将会降低处理事情的难度。

平衡表法。这是一种书面分析法。在纸的左边列出拖延的理由，在纸的右边列出避免拖延的潜在好处。结果左边往往只有一两个情绪上的借口，右边则有许多好处。这种方法有利于让有拖延恶习的人勇敢地面对现实。

行动起来。拖延者有各种理由，害怕失败就是其中一个。因为害怕会出现坏结果，所以宁愿不做。其实行动比追求完美更重要，在行动中容易迸发灵感，促进任务的完成。因此，避免过分追求尽善尽美，应在规定时间内完成任务，能一次做完的事情一定要一次做完，绝不拖拉，做完任务实行自我奖励，正面强化。

（4）学会拒绝与放弃。每个人都有权利拒绝他人的要求，自主地安排自己的时间。

拒绝别人有可能引起场面尴尬，但不能因这种担心而采取来者不拒的作风，因为并非所有的拒绝均足以导致尴尬的场面，何况如果你讲求拒绝的技巧，将可在相当大的程度上避免这种担心。

学会拒绝，要掌握以下要领：

①表示理解。要耐心倾听对方提出的要求，并对请求表示衷心的理解。即使你在他述说过程中已经知道非加以拒绝不可，也必须凝神听完他的话语，这样表示对对方的尊重。你可以说："我知道，你确实需要有人拉你一把。可是你看，我现在也正忙得一团糟呢！很抱歉，我真的抽不出再多的时间了。"

②表示感谢。除了表示理解，你还需要向对方表示感谢，感谢他对自己的信任。你可以说："谢谢你！谢谢你在需要帮助的时候能够想到我，也谢谢你对我个人能力的信任。其实，我也很乐意接受你的请求，但你看，我的日程表已经被塞得满满的了。"

③提出建议。当你拒绝别人的请求时，千万不要忘记为对方提出一些可行的解决办法。通过这种方式，能让对方感觉到你是在乎他的，你是真心乐于帮助他的。你可以说："不好意思，我这次不能帮你的忙。但是我认识一个朋友，他或许能够很快给你找到一个解决的办法。我这就帮你给他打个电话！"

④拒绝的时候态度要坚决，绝对不能给出模棱两可的答复，或是一味拖延，浪费对方的时间。如果你无法当场决定接受或拒绝请求，则要明白告诉对方你仍要考虑，并确切地指出你所需要的时间，以消除对方误以为你是在以考虑为挡箭牌。拒绝时最好能说出拒绝的理由。在拒绝对方的同时，还可以作出必要的妥协："对不起，这个星期我真的很忙，腾不出时间。如果这个问题到下个星期还没解决的话，你再来找我，或许我还能帮得上忙。"

四、健康管理

🔍▶ **案例链接**

2004年，云南大学马加爵事件吸引了社会各界的关注。案发前几天，马加爵和几个同学打牌，结果有同学怀疑马加爵出牌作弊两人发生争执。曾被马加爵认为关系较好的同学说："没想到连打牌你都玩假，你为人太差了，难怪×××过生日都不请你……"这句话大大伤害了马加爵的自尊心，促使他转而动了杀机。他三天内连杀四人，后从昆明火车站出逃。2004年3月15日被公安部列为A级通缉犯，2004年6月17日被执行死刑。

2015年，一名15岁的少年在网上学习"一刀毙命"将5名室友杀死。当少年被捕时，他并没有后悔，反而显得非常得意。他说："我不知道什么是年少轻狂，我只知道胜者为王，我活着他死了，我就胜利了。"对于杀死室友，他早有预谋，之前在网上查阅过怎么可以一刀毙命和一些很具体的法律知识。他自己知道杀人是犯罪的，而且未成年人肯定不会判处死刑，觉得自己二三十岁出来还是一条汉子。

思考：身体没病就是健康吗？

世界卫生组织规定："健康不仅仅是没有疾病和虚弱，而是一种身体、心理、社会适应能力和道德均臻良好的完美状态。"人的健康包括身体健康和心理健康两个方面，两个方面不可分离，相互影响。心理健康是内部心理和外部行为和谐、协调，并适应社会准则和职业要求的一种良性状态。身体健康是心理健康的基础，而心理健康又是身体健康的必要条件。工作需要健康的体魄、充沛的精力来支撑，"能吃苦耐劳"是很多用人单位招聘的首要条件。工作也需要良好的情绪、健康的心态来维护。健全的身心是人从事职业活动的基础，身心健康对职业生涯的重要性是不言而喻的，只有个人的身心健康才会换来单位的健康运转。

知识链接

世界卫生组织提出健康十项标准

- 精力充沛，能从容不迫地应付日常生活和工作的压力而不感到过分紧张
- 处事乐观，态度积极，乐于承担责任，事无巨细不挑剔
- 善于休息，睡眠良好
- 应变能力强，能适应环境的各种变化
- 能够抵抗一般性感冒和传染病
- 体重得当，身材均匀，站立时头、肩、臂位置协调
- 眼睛明亮，反应敏锐，眼睑不发炎
- 牙齿清洁，无空洞，无痛感；齿龈颜色正常，不出血
- 头发有光泽，无头屑
- 肌肉、皮肤富有弹性，走路轻松有力

知识链接

美国心理学家马斯洛和迈特尔曼提出关于心理健康的十项标准

- 充分的安全感

- 合理的自我认知
- 切合实际的理想
- 积极适应现实环境
- 保持个性的完整与和谐
- 善于学习
- 保持良好的人际关系
- 能适度地表达和控制自己的情绪
- 在符合集体要求的前提下，有限度地发挥才能与兴趣
- 在不违背社会规范的前提下，个人的基本需要应得到一定程度的满足

现代社会生活节奏加快，很多人处于健康与疾病之间的状态，即亚健康状态。据世界卫生组织统计，全世界至少有 60% 的人处于亚健康状态。亚健康状态常表现为浑身无力、头晕、失眠健忘、多梦、胸闷背痛、食欲下降、便秘、烦躁不安、工作效率下降等症状，但各种检查方法却难以发现有病。如果不对亚健康加以重视，就会发展成疾病。

心理健康的表现有：认知功能正常、情绪反应适当、意志品质健全、自我意识正确、个性结构完整、人际关系协调、人生态度积极、社会适应良好、行为表现规范等。

加强健康管理，促进身心健康的方法主要有：

（1）培养良好的生活方式，促进身体健康。

重视和加强体育锻炼。体育锻炼要本着安全第一的原则，不要做危险动作。锻炼的内容由简单到复杂，运动负荷由小到大，运动不宜过于剧烈，运动量应适度。体育锻炼持之以恒方能见成效。

戒烟限酒。吸烟是引发许多慢性非传染病的危险因素。长期大量吸烟可引发肺癌、支气管炎、肺气肿、冠心病等，且吸烟量越大、开始年龄越早、吸烟史越长，对健康的危害也越大。吸烟还会危及周围人的健康。一次性过量饮酒可造成急性酒精中毒，长期过量饮酒则可引起慢性酒精中毒、肝硬化、心血管疾病等。所以珍爱健康，应慎重对待烟酒。

严禁吸毒和药物滥用。吸毒使人精神颓废、身体素质下降甚至系统功能衰竭，对人身心健康危害巨大，必须严令禁止。

保持合理的饮食结构。限制高热量食物，少吃快餐和含脂肪、糖分高的食物。保持身体匀称，不过度减肥。

保证充足睡眠，劳逸结合、量力而行。睡眠可以松弛绷紧的神经，使身体有机会修复受到的损害，强化血气流通。熬夜给人们带来的危害不仅仅是黑眼圈、长痘痘或是肝火上升那么简单，它可使人体处于亚健康状态甚至使机体器官受损而出现各种疾病。很

多年轻人自以为身体好，常喜欢熬夜，每晚不到凌晨绝不肯上床休息。还有些年轻人认为，熬夜无妨，事后补睡一觉就可恢复活力。事实上，所谓的"回笼觉"补充的主要是浅睡眠，效果远不如早睡早起获得的深睡眠好。有关临床数据显示，心脑血管疾病发病率逐渐增多，且越来越年轻化，常熬夜或是诱因之一。

案例链接

别用生命熬夜

2010 年广东一所高校建筑系的一名大三学生在教学楼内熬夜赶制设计图，突然晕倒，经抢救无效离世。2012 年成都大学美术学院的一位学生在学校校园歌手大赛现场昏倒，随后因抢救无效死亡。就在前一天，这位学生还在 QQ 空间上留下一句："10 天 4 个半通宵顺利完成。"2012 年淘宝店主艾珺因忙于进货上架，连续通宵熬夜，在睡梦中去世，年仅 24 岁。2014 年世界杯变"世界悲"。中国球迷因熬夜看世界杯连续酿发悲剧，先是大连 51 岁的老球员李先生在观看西班牙对阵荷兰的比赛时心脏病突发，抢救无效去世，之后又传出苏州一名 25 岁男青年在收看智利对阵澳大利亚的比赛时猝死。

为什么熬夜会导致猝死？正常情况下，人体交感神经和迷走神经应该是保持平衡的，夜里迷走神经兴奋度高，交感神经兴奋度低，但如果熬夜的话，交感神经会被异常激活。如果交感神经总是处于兴奋状态会引发交感风暴，就会引起致命性的心律失常，从而导致室性心动过速、心室颤动，也就是猝死。经常熬夜会导致血压升高、免疫力下降，容易被感染，新陈代谢功能下降。但有些人由于工作需要必须熬夜，那么白天就必须保持充足的睡眠，并保持良好的情绪和心理平衡。如果经常熬夜，并且感到胸闷、胸疼、心慌、头晕、眼前发黑，就应该及早到医院检查。

身在职场的年轻人有时不得不变身为"拼命三郎"，但疲于奔命的同时，我们必须要认识到：事业固然重要，但生命和健康亦不可忽视。

（2）打造良好的职业心态。

心态一般指心理态度或心理状态。良好的职业心态是营养品，是健康幸福的金钥匙，如积极主动、坚持不懈、果敢顽强、乐观豁达、感恩奉献、主人翁精神等，会滋养我们的职业人

名人名言

在任何特定的环境下，人们仍然有一种最后的自由，就是选择自己态度的自由。

——犹太心理学家维克托·弗兰克尔

生，让我们积累小自信，成就大雄心，积累小成绩，成就大事业。而不良的职业心态，如消极应付、打工心态、斤斤计较、心浮气躁、极端地以自我为中心等，会让我们自暴自弃、萎靡不振、玩世不恭、不断地被边缘化，以至于始终"怀才不遇"，频繁跳槽或者被淘汰。

打造良好的职业心态，一要转变思维，多角度看问题。对同一个问题往往会有不同的解答，因此需要采用积极的思维反应模式，树立积极阳光的心态。也就是从正面来推定他人，从好的一面来认识外部世界，从可能成功的一面去看待事情。当我们不能改变环境时就必须去适应环境，不能改变别人时就改变自己，不能改变事情时就改变对事情的态度，不能向上比较时就向下比较。要随着时间、地点、环境的变化不断地调整自己的心态。这样才能乐在工作，收获幸福和成功。

🔍 案例链接

> 两个秀才赶考，路遇出殡的队伍，抬着棺材。其中一个秀才想：真倒霉！赶考遇到棺材，真晦气，今天的考试算是完了！另一个却想："棺材棺材"，升官发财，我就要交好运了！结果，前一个秀才名落孙山，后一个秀才高中榜眼。

打造良好的职业心态，二要树立责任心。责任心是一个人对工作敢于负责、主动负责、自觉负责的态度。"责任胜于能力"，一个有责任心的人，会因强烈责任心而自我加压，勤奋上进，不断增强能力、提高素质；一个有责任心的人，才能耐得住寂寞，忍得了辛苦，守得住清贫，受得了委屈，乐于无私奉献。培养责任心，就是要培养和保持对工作的兴趣，培养对本职工作的忠诚度。只有热爱自己的工作，忠于自己的工作，才能对工作有高度的责任感，才能以最大的热情投入到工作当中。培养责任心还要认清责任，不找借口推卸责任，应该抱着"单位的事就是我的事"的信念，为单位的发展着想。

打造良好的职业心态，三是学会自我情绪调适，懂得合理宣泄。人人皆有情绪。古人把人的情绪分为喜、怒、哀、乐、爱、恶、惧七种基本形式。现代心理学把这些情绪分为快乐、愤怒、悲哀、恐惧四种基本形式，由这四种基本情绪派生出厌恶、悔恨、内疚、喜欢等复杂情感。学会调适情绪，关系到自我身心健康，也关系到职业发展和人生可持续发展。

人的负面情绪若长期压抑，会导致生理和心理疾病。做好情绪调适要懂得自我欣赏、自我鼓励。许多人的性格中有不能肯定自我同时又追求完美的成分存在，这样很容易造成自卑心理，感觉处处不如人。长期处于这种负面情绪，要么变得自暴自弃、选择逃避，要么将情绪转化成为一种内在压抑。因此我们想要调节不良情绪，就要从认识自己开始，试着认可自己，告诉自己"我是世界上独一无二的"，"我是最棒的"。

合理宣泄是减压并释放心理垃圾的过程。它能有效地释放有害身心健康的不良情绪。找人倾诉、借物宣泄、大哭一场、书写宣泄等，都是宣泄的方式。宣泄不是纵情发泄，不是想打就打、想骂就骂，要考虑后果，不要给自己和他人带来伤害。

案例链接

永不发出的信件

一天，陆军部长斯坦顿来到林肯的办公室，气呼呼地说一位少将用侮辱的话指责他偏袒一些人。林肯建议斯坦顿写一封内容尖刻的信回敬那家伙。"可以狠狠地骂他一顿。"林肯说。斯坦顿立刻写了一封措辞激烈的信，然后拿给总统看。"对了，说得好，骂得好，要的就是这样，好好教训他。"当斯坦顿念完信叠好准备装进信封的时候，林肯叫住他，问道："你要干什么，要寄这封信吗？不要胡闹，把它扔到炉子里，凡是我生气时写的信，我都是这么处理的，这封信你写得好，写的时候你已经解气了。现在感觉好多了吧？那么就请你把它撕掉，心平气和地写第二封吧。"

另外，当我们觉察自身情绪不佳时，可以选择自己感兴趣的事情来分散注意力，比如听音乐、看电影、睡觉、找朋友玩、享受美食等。运动，如散步、骑车、登山等也是很好的转移不良情绪的方法。

体验与践行

一、梳理我的职业素养

选定2—3个职业方向或未来的就业岗位，进行职业分析，对自身职业素养方面的优缺点进行评价，从而找到下一步改进的方向。

期望的职业和就业岗位	这类职业和岗位需要的职业素养	个人已具备的职业素养	个人还欠缺的职业素养	我最欣赏或希望成为的企业家榜样

二、发现快乐

1.回想最近两周令自己开心的事件，在笔记本上列出自己的"快乐清单"，每人至少列出 10 项。

2. 请部分学生读出自己的快乐清单。

3. 快速阅读《美国年轻人眼里的开心时刻》（附1），对照自己的"快乐清单"。

4. 小组脑力激荡法：在同学的"快乐清单"及短文的启发下，大家开动脑筋再尽可能多地寻找快乐，每个小组请一位同学做记录，完成小组的"快乐清单"。

5. 以小组为单位读出小组的"快乐清单"，给想得最多的 3 个小组发礼品。

6. 教师小结：生活中不缺少快乐，只是缺少发现。

7. 教师出示一份"情绪宣言"模板（附2），让学生参考写一份符合自己实际的"情绪宣言"，每天早上（特别是心情不爽时）大声读出。

附1：美国年轻人眼里的开心时刻

1. 异性一个特别的眼神。

2. 听收音机里播放自己最喜欢的歌曲。

3. 躺在床上静静地聆听窗外的雨声。

4. 发现自己想买的衣服正在降价出售。

5. 被邀请去参加舞会。

6. 在浴缸的泡沫里舒舒服服地洗个澡。

7. 傻笑。

8. 一次愉快的谈话。

9. 有人体贴地为你盖上被子。

10. 在沙滩上晒太阳。

11. 在去年冬天穿过的衣服里发现 20 美元。

12. 在细雨中奔跑。

13. 开怀大笑。

14. 开了一个绝妙幽默的玩笑。

15. 有很多朋友。

16. 无意中听到别人正在称赞你。

17. 醒来时发现还有几个小时可以睡觉。

18. 自己是团队的一分子。

19. 交新朋友或和老朋友在一起。

20. 与室友彻夜长谈。

21. 甜美的梦。

22. 见到心上人时心头撞鹿的感觉。

23. 赢得一场精彩的棒球或篮球比赛。

24. 朋友送来家里自制的甜饼和苹果派。

25. 看到朋友的微笑，听到他们的笑声。

26. 第一次登台表演，既紧张又快乐的感觉。

27. 偶尔遇见多年不曾谋面的老友，发现彼此都没有改变。

28. 送给朋友一件他一直想要得到的礼物，看着他打开包装时的惊喜表情。

附2：教师的情绪宣言模板

今天我要学会控制情绪！弱者任思绪控制行为，强者让行为控制思绪。每天醒来，当我被悲伤失败的情绪包围时，我就这样与之抗争：沮丧时，我引吭高歌；悲伤时，我开怀大笑；病痛时，我继续工作；恐惧时，我勇往直前；不安时，我提高嗓音；力不从心时，我回想过去的成功；自轻自负时，我想想自己的目标。

职业礼仪

学习目标

1. 认识礼仪在人际交往过程中的重要作用；

2. 掌握职业生涯中必备的礼仪规范常识；

3. 能够结合具体情况在职场活动中正确使用礼仪规范，让自己的言谈举止合乎现代职场对职业人的要求；

4. 在提高认识的基础上见诸行动，在日常生活中自觉养成训练。

案例导入

一所名气很大的幼儿园老师上门家访，结果引出了转学风波。原来，幼儿园老师上门家访，前脚离开，后脚就引起了一场家庭会议。"我们一定要转园！"妈妈、奶奶斩钉截铁。园长想不通了，别人抢着要求进园，这家却强烈要求退园，一问原因才知道："不能把宝贝交给这样的老师！"——那个家访的女老师穿着吊带背心，还是露脐装！

思考

1. 教师家访是职业行为还是个人行为？

2. 请你为这位女老师提一个着装建议。

我国是"文明古国，礼仪之邦"。孔子曰："非礼勿视，非礼勿听，非礼勿言，非礼勿动。"在多元文化背景下，在经济快速发展的社会中，作为一位现代职业人员，不知礼，则必失礼；不守礼，则必被视为无礼。职业人员若缺少相关从业礼仪知识和能力，必定会经常感到尴尬、困惑、难堪与失落，进而会无缘携手成功。"职业礼仪"定位于职业人员的基础技能，是每一位职业人员工作的必备技能之一。

第一节　员工个人礼仪

职业礼仪是在人际交往中，以一定的、约定俗成的程序、方式来表现的律己、敬人的过程，涉及穿着、交往、沟通、情商等内容。从个人修养的角度来看，礼仪可以说是一个人内在修养和素质的外在表现；从交际的角度来看，礼仪可以说是人际交往中适用的一种艺术，一种交际方式或交际方法，是人际交往中约定俗成的示人以尊重、友好的习惯做法；从传播的角度来看，礼仪可以说是在人际交往中进行相互沟通的技巧。职业礼仪的培养应该是内外兼修的。古语说得好："腹有诗书气自华。"内在修养的提炼是提高职业礼仪的最根本的源泉。工作时注意自己的仪态，不仅是自我尊重和尊重他人的表现，也能反映出员工的工作态度和精神风貌。

一项调查显示，形象直接影响到收入水平，那些更有形象魅力的人收入通常比一般同事要高14%。我们生活在一个被称之为"30秒文化"的世界中，不论我们自己愿意与否，别人都会根据我们的衣着、说话方式、环境布置及对同事的影响来判断我们。

美国心理学家奥伯特·麦拉比安调查发现，人的印象是这样分配的：55%取决于你的外表，包括服饰、个人面貌、体形、发色等；38%是如何自我表现，包括你的语气、语调、手势、站姿、动作、坐姿等；只有7%才是你所讲的真正内容。只有留给人们好的第一印象，才能开始第二步。

资料链接

美国一位总统的礼仪顾问威廉·索尔比曾这样说过，当你走进一个房间，即使房间里没人认识你，或者只是跟你有一面之缘，他们却可以从你的外表对你作出以下十个方面的推断：（1）经济水平；（2）受教育程度；（3）可信任程度；（4）社会地位；（5）个人品行；（6）成熟度；（7）家族经济地位；（8）家族社会地位；（9）家庭教养情况；（10）是否是成功人士。

一、仪容仪表——男士篇

1. 发型发式要求

干净整洁，无汗味、头屑；发型款式大方，不怪异，不宜过长（不长于 7 厘米），前不覆额，侧不掩耳，后不触领。

2. 面部修饰

剃须修面，保持清洁；商务活动中会接触烟、酒等刺激性物品，应保持口气清新；注意不要有眼屎遗留在眼角，不要有长鼻毛"显露"在外。

3. 服饰

男士服装讲究合身，款式经典大方。男士服装，简单永远讨好。服装搭配要记住三种颜色：白色、黑色、米色。这三种颜色被称为"百搭色"。也就是说它们和任意的颜色搭配都是合理的，因此购买服饰的时候如果不知道什么颜色好，那么这三种颜色将不会出错。男士正装的色彩应该是深色系的。正装讲究合身，衣长应过于臀部，标准的尺寸是从脖子到地面的 1/2 长；袖子长度以袖子下端到拇指 11 厘米最为合适；衬衫领口略高于西装领口；裤长不露袜子，以到鞋跟处为准；裤腰前低而后高，裤型可根据潮流选择，裤边不能卷边。

三色原则是在国外经典商务礼仪规范中被强调的，国内著名的礼仪专家也多次强调过这一原则。简单说来，就是男士身上的色系不应超过三种，很接近的色彩视为一种。对于附件来说，您的皮带、皮鞋和公文包，应当保持同一个颜色。黑色是这些皮具的最佳选择。不能穿着深色的西服＋浅色的皮鞋。但是浅色的西服搭配深色的皮鞋并不失格。袜子一定要和西裤与皮鞋融为一体，不能格外耀眼。

二、仪容仪表——女士篇

1. 发型发式要求

时尚得体，美观大方，符合身份，忌披散头发，发饰式样庄重大方，以少为宜。

2. 面部修饰

女士化妆是自尊自爱的表现，也是对别人的一种尊重；要求化淡妆，保持清新自然。

知识链接

女性化妆小技巧

一般工作场合中适合化的妆，都是以淡雅、清爽为原则，只要了解基本步骤和技巧，勤加练习，很快就能化得又快又好。首先是清洁面部，用滋润霜按摩面部，使之完全吸收，然后进行面部的化妆步骤：

1. 打底：打底时最好把海绵扑浸湿，然后用与肤色接近的粉底，轻轻点拍。

2. 定妆：用粉扑蘸粉，轻轻揉开，主要在面部的 T 字区定妆，余粉定在外轮廓。

3. 画眼影：职业女性的眼部化妆应干净、自然、柔和，重点放在外眼角的睫毛根部，然后向上向外逐渐晕染。

4. 画眼线：眼线的画法应紧贴睫毛根，细细地勾画，上眼线外眼角应轻轻上翘，这种眼形非常有魅力。

5. 描眉毛：首先整理好眉形，然后用眉形刷轻轻描画。

6. 卷睫毛：用睫毛夹紧贴睫毛根部，使之卷曲上翘。

7. 刷睫毛膏：顺睫毛生长的方向擦上睫毛膏。睫毛膏刷好后应先不用力眨眼，最好保持固定不动，以免沾染到脸上；睫毛膏快干时可用睫毛梳将多余部分清除，也有定型的效果。

8. 口红或唇彩：应选用与服装相配，亮丽、自然的颜色。使用时用唇笔先描好唇形，再顺着唇形涂好口红或唇彩，加上唇蜜润泽更具风采。

9. 检查：整个步骤完成后，记得做最后的检查。比如在光线较明亮的地方看看自己，有没有粉上得不均匀，不均匀的地方一定要涂开。

3. 服饰

职业女装有三种基本类型：西服套裙，夹克衫或不成型的上衣，以及连衣裙或两件套裙。在这三种类型中，每一种都要考虑其颜色和面料。而西服套裙是女性的标准职业着装，可塑造出强有力的形象。单排扣上衣可以不系扣，双排扣的则应一直系着（包括内侧的纽扣）。穿单色的套裙能使身材显得瘦高一些。

（1）颜色的选择：职业套裙的最佳颜色是黑色、藏青色、灰褐色、灰色和暗红色。精致的方格、印花和条纹也可以接受。买红色、黄色或淡紫色的两件套裙要小心，因为它们的颜色过于抢眼。

（2）衬衫：衬衫的颜色可以是多种多样的，只要与套装相匹配就可以了。白色、黄白色和米色与大多数套装都能搭配。丝绸是最好的衬衫面料；另一种选择就是纯棉，但要保证浆过并熨烫平整。

（3）内衣：确保内衣要合身，身体线条曲线流畅，既穿得合适，又要注意内衣颜色不要外泄。

（4）围巾：选择围巾时要注意颜色中应包含有套裙颜色。围巾选择丝绸质地的为好，其他质地的围巾打结或系起来没有那么好看。

（5）袜子：女士穿裙子应当配长筒丝袜或连裤袜，颜色以肉色、黑色最为常用，肉色长筒丝袜配长裙、旗袍最为得体。女士袜子一定要大小相宜，太大时就会往下掉，或者显得一高一低。尤其要注意，女士不能在公众场合整理自己的长筒袜，而且袜口不能露在裙摆外边。不要穿带图案的袜子，因为会惹人注意你的腿部。应随身携带一双备用的透明丝袜，以防袜子拉丝或跳丝。

（6）鞋：传统的皮鞋是最畅销的职业用鞋。穿着舒适，美观大方。建议鞋跟高度为3—4厘米。正式的场合不要穿凉鞋、后跟用带系住的女鞋或露脚趾的鞋。鞋的颜色应与衣服下摆一致或再深一些。衣服从下摆开始到鞋的颜色一致，可以使大多数人显得高一些。如果鞋是另一种颜色，人们的目光就会被吸引到脚上。推荐中性颜色的鞋，如黑色、藏青色、暗红色、灰色或灰褐色。不要穿红色、粉红色、玫瑰红色和黄色的鞋。即使在夏天，穿白鞋也带有社交而非商务的意义。

（7）手提包和手提箱：手提包和手提箱最好是用皮革制成的；手提包上不要带有设计者标签。女性的手提箱可以有硬衬，也可以用软衬。最实用的颜色是黑色、棕色和暗红色。钱包的颜色应与鞋相配，而手提箱则不必。

女性的职业服装比男人更具个性，但是有些规则是所有女性都必须遵守的。每个女性都要树立一种最能体现自己个性和品位的风格。特别值得一提的是，在正式场合，女士着装一定忌短、忌露、忌透。

4. 饰品佩戴

饰品使服装有了活力与生命力。在人不断活动时，从各个不同的角度，小小饰品散发着或晶莹或七彩的光芒，使人的整体着装像被镀上了一层灵光。女士饰品佩戴要遵循以下原则：

（1）统一风格：服装和饰品的风格必须一致。服装面料奢华、古典时应佩戴经典而华丽的饰品；一般的工作服饰，则可以相对简约而时尚。

（2）统一颜色：冷色系服装以冷色系饰品为主配，如铂金或银饰等；暖色系服装则以金色或较鲜艳的K金或珍珠装点。

（3）选定主题：若佩戴多种饰品，则应保持各饰品如耳环、项链、戒指、手镯等在风格或主题上一致。

（4）选定重点：如果全身上下佩戴超过三样饰品，则应注意选定重点。如耳环大图案复杂，项链就要简洁；反之，项链复杂，耳环就要简洁。

（5）统一尺寸：按身型分，高大的人戴较大饰品，而娇小的人则佩戴较秀气的饰品。因为大能显纤细感，而小却能反衬扩张感。比如，瘦小的女孩就应该佩戴小巧的手镯或者是精致的手链，如果佩戴大的手镯，就更显手腕的干瘦。

知识链接

18条女性常见礼仪陋习

1. 我不修饰：没有修饰的女人如同送给别人的礼物没有包装。

2. 举止不优雅：漂亮最先看脸蛋，品味最先看发型和鞋子，气质最先看举止。

3. 不会适时微笑：面部僵硬的女人是在内心加了一把冰凉的锁。

4. 不穿礼服：隆重的场合穿随意的服饰，是对主人极大的不尊重。

5. 穿着过于开放：平日裙子长度和领口深度直接影响周围人对你的评价。

6. 挑战职业服：办公室穿袒胸露背的服饰，会自毁女人的尊严。

7. 音量声高：公共场合音量声高也会损害你的形象。

8. 打探隐私：交头接耳，鬼鬼祟祟，只会让你变成一个狭隘的女人。

9. 没耐心倾听：倾听有时比沟通更重要，尤其对于女人来说。

10. 吝啬道歉：多说一句话可以化解数不清的烦恼，让女人从心底变得优雅。

11. 不说"谢谢"：记得，永远不要忘记对帮助你的人用心地说声"谢谢"。

12. 目光冷漠：眼睛是礼仪无形的第一语言。

13. 身体有异味或香气过浓：身体有异味对女人是致命的，人们可能会疏远你。而香气过浓又显得好出风头。

14. 不回避私事：在公共场所补妆、修整衣物等，是把私人的事抖落给公众。别忘了，女人的私事永远不是别人的事。

15. 乱了位次：开会、行走、坐车、上下电梯的错位，让自己尴尬，也让别人尴尬甚至生出反感。

16. 争先恐后：总是争先一步，也许会泄露你的不雅。能不能后退半步呢？

17. 不注意饮食礼仪：无论是中餐还是西餐，都是考验女人教养的关键时候。

18. 饮酒过量：借酒失态有失风度。

三、仪态

（一）职场站姿礼仪

站姿是静态的造型动作，是其他动态美的起点和基础。古人主张"站如松"，这说明良好的站立姿势应给人一种挺、直、高的感觉。

1. 基本站姿

（1）两脚跟相靠，脚尖展开 45—60 度，身体重心主要支撑于脚掌、脚弓之上。

（2）两腿并拢直立，腿部肌肉收紧，大腿内侧夹紧，髋部上提。

（3）腹肌、臀大肌微收缩并上提，臀、腹部前后相夹，髋部两侧略向中间用力。

（4）脊柱、后背挺直，胸略向前上方提起。

（5）两肩放松下沉，气沉于胸腹之间，自然呼吸。

（6）两手臂放松，自然下垂于体侧。

（7）脖颈挺直，头向上顶。

（8）下颌微收，双目平视前方。

图 3-1　女士基本站姿　　　　　　　　　　　　图 3-2　男士基本站姿

2. 站姿实例

商务人员根据场合的不同，在基本站姿的基础上可以变化出前搭手站姿、后搭手站姿和持物站姿等不同姿态。

（1）女士前搭手站姿（如图 3-3）

两脚尖展开，左脚脚跟靠近右脚中部，重心平均置于两脚上，也可置于一只脚上，通过重心的转移可减轻疲劳；双手置于腹前。

（2）男士后搭手站姿（如图 3-4）

两脚平行开立，脚尖展开，挺胸立腰，下颌微收，双目平视，两手在身后相搭，贴在臀部。

图 3-3　　　　　　图 3-4

（3）女士持文件夹站姿（如图3-5）

身体立直，挺胸抬头，下颌微收，提髋立腰，吸腹收臀，手持文件夹。

（4）男士提公文包站姿（如图3-6）

身体立直，挺胸抬头，下颌微收，双目平视，两脚分开，一手提公文包，一手置于体侧。

图3-5

图3-6

站立时，既要遵守规范，又要避免僵硬，所以要注意肌肉张弛的协调性。强调挺胸立腰，但两肩和手臂的肌肉不能太紧张，要适当放松；气下沉至胸腹之间，呼吸要自然。另外要以基本站姿为基础，善于适时地变换姿态，追求动态美。同时，站立时要面带微笑，使规范的站立姿态与微笑相结合。

（二）职场坐姿礼仪

文雅的坐姿，不仅给人以沉着、稳重、冷静的感觉，而且也是展现自己气质和风度的重要形式。良好的坐姿应是：款款走到座位前，背向椅子，右脚向后撤，使腿肚贴到椅子边，轻稳坐下。坐姿的基本要求是端庄、大方、自然、舒适。上体正直，两肩齐平，双手自然搭放。男士双膝并拢或微微分开，并视情况向一侧倾斜，两脚自然着地。在社交场合，不论坐椅子或沙发，最好不要坐满，正襟危坐，以表示对对方的恭敬和尊重。双目正视对方，面带微笑。女士的坐姿应温文尔雅，自然轻松。其基本要求是：腰背挺直，手臂放松，双腿并拢，目视于人。如穿裙子入座时，可将裙子拢一下，以免裙底"走光"。与人谈话时，通常可以把双手轻搭在沙发扶手上，但不可手心朝上；也可以双手相交，放在腿上，但不可相交超过手腕二寸；还可以将左手掌搭在腿上，右手掌再搭在左手背上，这种坐姿显得比较优雅。坐在客人面前，谈吐之间不要手脚乱动，更忌手舞足蹈。除了特别亲昵的客人，一般不要半躺在沙发上，这样很不文雅。

女士入座后，腿位与脚位的放置有所讲究，以下三种坐姿可供参考（图3-7）：

（1）双腿垂直式：小腿垂直于地面，左脚跟靠定于右脚内侧的中部，双脚之间形成45度左右的夹角，但双脚的脚跟和双膝都应并拢在一起。这种坐姿给人以诚恳的印象。

（2）双腿斜放式：双腿并拢后，双脚同时向右侧或左侧斜放，并与地面形成45度左右的夹角。适用于较低的座椅。

（3）双腿叠放式：双膝并拢，小腿前后交叉叠放在一起，自上而下不分开，脚尖不宜跷起。双脚的置放视座椅高矮而定，可以垂放，亦可与地面呈45度角斜放。采用此种坐姿，切勿双手抱膝，穿超短裙者慎用。

坐姿最忌讳的是弓腰曲背，两腿摇抖。尤其是女士切忌双腿分开和高跷"二郎腿"；穿裙子时切忌衬裙露出，以侧坐为美。

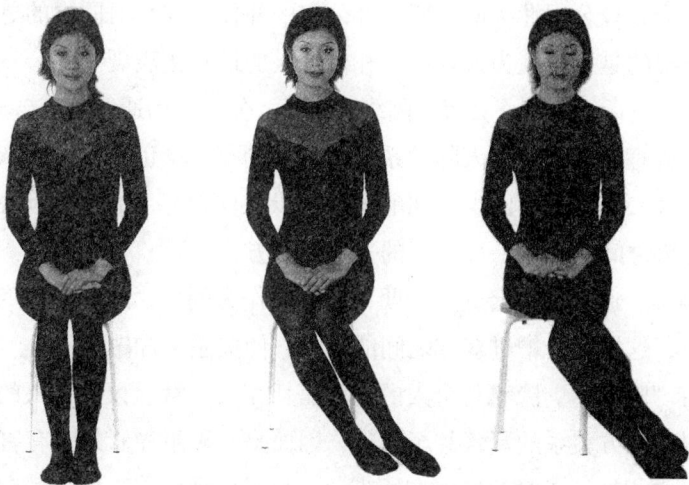

图3-7

（三）职场走姿礼仪

走姿是站姿的延续动作。行走时，必须保持站姿中除手和脚以外的各种要领。走路使用腰力，身体重心宜稍向前倾。跨步均匀，步幅约一只脚到一只半脚。迈步时，两腿间距离要小。

女性穿裙子或旗袍时要走成一条直线，使裙子或旗袍的下摆与脚的动作协调，呈现优美的韵律感；穿裤装时，宜走成两条平行的直线。

出脚和落脚时，脚尖脚跟应与前进方向近乎一条直线，避免"内八字"或"外八字"。两手前后自然协调摆动，手臂与身体的夹角一般在10—15度，由大臂带动小臂摆动，肘关节只可微曲。

（四）职场蹲姿礼仪

在日常生活中，人们对掉在地上的东西，一般是习惯弯腰或蹲下将其捡起。在职场中需要捡起掉落的物品时，应该是一脚在前，一脚在后，两腿向下蹲；前脚全着地，小腿基本垂直于地面；后脚脚后跟提起，脚掌着地，臀部向下。

第二节　员工交往礼仪

一、办公室礼仪

办公室是一个处理公司业务的场所，办公室的礼仪不仅是对同事的尊重和对公司文化的认同，更重要的是每个人为人处世、礼貌待人的最直接表现。办公室礼仪涵盖的范围其实不小，但凡电话、接待、会议、网络、公务、公关、沟通等都有各式各样的礼仪。

相互尊重是处理好任何一种人际关系的基础，同事关系也不例外，亲友之间一时的失礼，可以用亲情来弥补，而同事之间的关系是以工作为纽带的，一旦失礼，创伤难以愈合。处理好同事之间的关系，最重要的是尊重对方。

同事遇到困难，通常首先会选择亲朋帮助。但作为同事，应主动问询，对力所能及的事应尽力帮忙，这样，会增进双方之间的感情，使关系更加融洽。

每个人都有"隐私"，隐私与个人的名誉密切相关，背后议论他人的隐私，会损害他人的名誉，引起双方关系的紧张甚至恶化，因而是一种不光彩的、有害的行为。

同事之间经常相处，一时的失误在所难免。如果出现失误，应主动向对方道歉，征得对方的谅解；对双方的误会应主动向对方说明，不可小肚鸡肠，耿耿于怀。

不在公共办公区吸烟，扎堆聊天，大声喧哗；节约水电；禁止在办公家具和公共设施上乱写、乱画、乱贴；保持卫生间清洁；在指定区域内停放车辆。

饮水时，如不是接待来宾，应使用个人的水杯，减少一次性水杯的浪费。不得擅自带外来人员进入办公区，会谈和接待安排在洽谈区域。最后离开办公区的人员应关电灯、门窗及室内总闸。

个人办公区要保持办公桌位清洁，非办公用品不外露，桌面码放整齐。当有事离开自己的办公座位时，应将座椅推回办公桌内。

下班离开办公室前，使用人应该关闭所用机器的电源，将台面的物品归位，锁好贵重物品和重要文件。

知识链接

微笑的训练方法

微笑的基本方法是：先要放松自己的面部肌肉；然后使自己的嘴角微微向上

翘起，让嘴唇略呈弧形；最后，在不牵动鼻子、不发出笑声、不露出牙齿的前提下，轻轻一笑。微笑除了要注意口形之外，还需要注意与面部其他各部位的相互配合，尤其是眼神中的笑意，整体协调才会形成甜美的微笑。

图 3-8

1. 对镜练习。使眉、眼、面部肌肉、口形在笑时和谐统一。

2. 诱导练习。调动感情，发挥想象力，或回忆美好的过去、愉快的经历，或展望美好的未来，使微笑源自内心，有感而发。

3. 众人面前练习。按照要求，当众练习，使微笑规范、自然、大方，克服羞怯心理。

二、握手礼仪

握手不仅用于见面致意和告辞道别，在不同场合、不同情形里还可以表示支持、信任、鼓励、祝贺、安慰、道谢等多种意思，是沟通心灵、交流感情的一种行之有效的方式。

除特殊情况外，通常应站着握手，而不要坐着握手；握手宜用右手（图 3-9）。握手力度的大小和握手时间的长短，往往表明对对方的热情程度。一般情况下，握手用力要适当，时间 2 秒钟左右即可。久别重逢的朋友握手，时间可长一点，力度可大一点，还可上下摇动，但也不必太使劲，以免把友人的手握疼。过分热情，效果会适得其反。握手时，应友善地看着对方，微笑致意。切不可东张西望，漫不经心。

男女握手时，女士只需要轻轻地伸出手掌；男士稍稍握一下女士的手指部分即可，不能握得太紧，更不要握得太久。

图 3-9

一般说来，握手的顺序根据握手人的社会地位、年龄、性别和身份来确定。上下级握手，下级要等上级先伸出手；长幼握手，年轻者要等年长者先伸出手；男女握手，男士等女士伸出手后，方可伸手握之；宾主握手，主人应向客人先伸出手，而不论对方是男是女。总而言之，社会地位高者、年长者、女士、主人享有握手的主动权。朋友、平辈见面，先伸出手者则表现出更有礼貌。

议一议

若是女生，面试时该不该主动伸手与男主考官握手呢？

知识链接

握手的由来

握手，是人类在长期交往中逐渐形成的一种重要礼节，最早可以追溯到"刀耕火种"的原始时代。那时，人们以木棒或石块为武器，进行狩猎或战争。狩猎中遇到不属于本部落的陌生人，或敌对双方准备和解时，双方就要放下手中的武器，伸出手掌，让对方摸一下手心，以示友好。这种习惯后来演变成现代握手礼。

三、介绍礼仪

介绍他人相识时，要先介绍身份较低的一方，然后再介绍身份较高的一方，即先介绍主人，后介绍客人；先介绍职务低者，后介绍职务高者；先介绍男士，后介绍女士；先介绍晚辈，后介绍长辈；先介绍个人，后介绍集体。

如果在介绍他人时，不能准确知道其称呼，应问一下被介绍者："请问您怎么称呼？"否则万一张冠李戴，会很尴尬。

介绍时最好先说"请允许我向您介绍""让我介绍一下""请允许我自我介绍"等。

介绍手势：手掌向上，五指并拢，伸向被介绍者，不能用手指指指点点。当别人介绍到你时，应微笑或握手、点点头；如果你正坐着，应该起立。

名人名言

这是一个两分钟的世界，你只有一分钟展示给人们你是谁，另一分钟让他们喜欢你。
——[英]罗伯特·庞德

议一议

面对一位年长、职位低的女士和一位年轻、职位高的男士，如何为他们作介绍？

四、名片礼仪

（一）送名片的礼仪

应起身站立，走向对方，面含笑意，以右手或双手捧着或拿正面面对对方，以齐胸的高度不紧不慢地递送过去。与此同时，应说"请多关照""请多指教""希望今后保持联络"等。同时向多人递送名片时，应由尊而卑或由近而远。

（二）接受名片的礼仪

要起身站立，迎上前去，说"谢谢"。然后，务必要用右手或双手并用将对方的名片郑重地接过来，捧到面前，念一遍对方的姓名。最后，应当着对方的面将名片收藏到自己的名片夹或包内，并随之递上自己的名片。切忌用左手接，接过后看也不看，随手乱放，不回递自己的名片等。

知识链接

名片礼仪"十"注意

1. 到别处拜访时，经上司介绍后，再递出名片。

2. 如果是坐着，尽可能起身接受对方递来的名片。

3. 辈分较低者，率先以右手或双手递出个人的名片。

4. 接受名片时，应以右手或双手去接，并确定其姓名和职务。

5. 接受名片后，不宜随手置于桌上。

6. 不可递出污旧或皱折的名片。

7. 名片夹或皮夹置于西装内袋，避免由裤子后方的口袋掏出。

8. 尽量避免在对方的名片上书写不相关的东西。

9. 不要无意识地玩弄对方的名片。

10. 上司在时不要先递交名片，要等上司递上名片后才能递上自己的名片。

五、电话礼仪

无论是打电话还是接电话，我们都应做到语调热情、大方自然、声量适中、表达清楚、简明扼要、文明礼貌。

（一）打电话礼仪

打电话时，如非重要事情，尽量避开受话人休息、用餐的时间，而且最好别在节假日打扰对方。

打电话前，最好先想好要讲的内容，以便节约通话时间，不要现想现说，"煲电话粥"，通常一次通话不应长于3分钟，即所谓的"3分钟原则"。

通话时不要大喊大叫，震耳欲聋。

通话之初，应先做自我介绍，不要让对方"猜一猜"。请受话人找人或代转时，应说"劳驾"或"麻烦您"，不要认为这是理所应当的。

（二）接电话礼仪

一般来说，在办公室里，电话铃响3遍之前就应接听，6遍后就应道歉："对不起，让你久等了。"如果受话人正在做一件要紧的事情不能及时接听，代接的人应妥为解释。如果既不及时接电话，又不道歉，甚至极不耐烦，就是极不礼貌的行为。尽快接听电话会给对方留下好印象，让对方觉得自己被看重。

对方打来电话，一般会自己主动介绍。如果没有介绍或者你没有听清楚，就应该主动问："请问您是哪位？""我能为您做什么？""您找哪位？"但是，人们习惯的做法是，拿起电话听筒盘问一句："喂！哪位？"这在对方听来，陌生而疏远，缺少人情味。接到对方打来的电话，拿起听筒应首先自我介绍："你好！我是某某某。"如果对方找的人在旁边，应说："请稍等。"然后用手掩住话筒，轻声招呼你的同事接电话。如果对方找的人不在，应该告诉对方，并且问："需要留言吗？我一定转告。"

当拿起电话听筒的时候，一定要面带笑容。不要以为笑容只能表现在脸上，它也会藏在声音里。亲切、温情的声音会使对方马上对我们产生良好的印象。如果绷着脸，声音会变得冷冰冰。

知识链接

使用手机应注意的礼仪

应将手机放在不易察觉之处，一般是放在随身携带的提包内，这样既安全，又方便。体积较小的手机可以放在衣袋内。将手机整日拿在手里招摇过市是很不文明的表现。在生意场上和公共场所，将手机摆在桌上，借以炫耀卖弄，也是非常可笑的。

在正式场合，不宜当众使用手机，以免影响大家；若确实需要使用手机时，应暂时告退，找一个僻静地方通话。在公共场合使用手机，应侧背过身去轻声讲话，旁若无人地大声讲话，会让人觉得是有意张扬。

在一些寂静、严肃的场合，应关掉手机，以免手机的鸣叫影响别人，干扰秩序。使用手机前，应注意观察周围是否有禁止使用无线通讯的标志。在飞机上，应当关掉手机，以免干扰通信，影响飞行安全。

使用手机通话，应力求简明扼要，切不可通话时间过长。手机的号码一般不宜随便告诉别人，所以当对方不告诉手机号码时，一定不要再去索要，以免让对方为难。

六、电梯礼仪

与不相识者同乘电梯，进入时要讲究先来后到，出来时应由外而里依次而出。与熟人同乘电梯，尤其是与尊长、女士、客人同乘电梯时，出入顺序则应视电梯具体情况而定：进入有人管理的电梯时，尊长、女士、客人应先进先出；进入无人管理的电梯时，尊长、女士、客人则在主方一人之后进入或走出电梯间。

当伴随客人或长辈乘坐电梯，可先行进入电梯，一手按"开门"按钮，另一手按住电梯侧门，礼貌地说"请进"。进入电梯后，按下客人或长辈要去的楼层按钮。若电梯行进间有其他人员进入，可主动询问要去几楼，帮忙按下。到达目的楼层，请客人或长者先出电梯。

知识链接

电梯陋习

1. 站在近电梯门处妨碍他人进出。
2. 面朝门的方向站立，把脊背对着电梯里的其他人。
3. 不依序进出电梯，插队，甚至冲撞他人。
4. 不等待即将快步到达者而关闭电梯门。
5. 不帮助不便按仪表者。
6. 对着电梯里的镜子旁若无人地理头发或者涂口红。
7. 大声喧哗，大声打电话。
8. 吸烟和过度使用香水。
9. 带宠物进电梯。

七、乘车礼仪

坐车可不仅仅是"坐过去"那么简单，如果毫不注意地坐错了位置，腿脚放错了地方，或是说了不适当的话，那完美形象可就要像刚刚把你送到目的地的车一样绝尘而去了。

小轿车的座位，如有司机驾驶时，以后排右侧为首位，左侧次之，中间座位再次之，前坐右侧殿后，前排中间为末席。

如果由主人亲自驾驶，以驾驶座右侧为首位，后排右侧次之，左侧再次之，而后排中间座为末席，前排中间座则不宜再安排客人。

主人夫妇驾车时，则主人夫妇坐前座，客人夫妇坐后座，男士要服务于自己的夫人，宜开车门让夫人先上车，然后自己再上车。

如果主人夫妇搭载友人夫妇的车，则应邀友人坐前座，友人夫人坐后座，或让友人夫妇都坐前座。

主人亲自驾车，坐客只有一人，应坐在主人旁边。若同坐多人，中途坐前座的客人下车后，在后面坐的客人应改坐前座，此项礼节最易疏忽。

女士登车不要一只脚先踏入车内，也不要爬进车里。需先站在座位边上，把身体降低，让臀部坐到位子上，再将双腿一起收进车里，双膝一定保持合并的姿势。

吉普车上座是副驾驶座，因为吉普车底盘高，功率大，主要功能是越野，减震及悬挂太硬，坐在后排颠簸得厉害。

八、餐饮礼仪

现代较为流行的中餐宴饮礼仪是在继承传统与参考国外礼仪的基础上发展而来的。其座次借西方宴会以右为上的法则，第一主宾就座于主人右侧，第二主宾在主人左侧或第一主宾右侧，变通处理。（图3-10，图3-11）斟酒上菜由宾客右侧进行，先主宾，后主人，先女宾，后男宾。酒斟八分，不可过满。

知识链接

> ### 汉族传统的古代宴饮礼仪程序
>
> 主人折柬相邀，临时迎客于门外。宾客到时，互致问候，引入客厅小坐，敬以茶点。客齐后导客入席，以左为上，视为首席，相对首座为二座，首座之下为三座，二座之下为四座。客人坐定，由主人敬酒让菜，客人以礼相谢。席间斟酒上菜也有一定的讲究：应先敬长者和主宾，最后才是主人。宴饮结束，引导客人入客厅小坐，上茶，直到辞别。这种传统宴饮礼仪在我国大部分地区保留完整，如山东、香港及台湾地区，许多影视作品中多有体现。

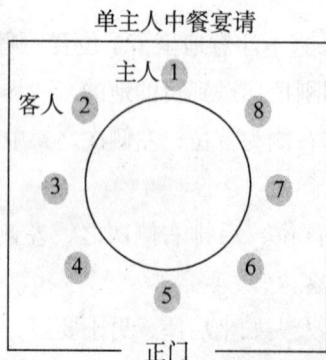

图3-10

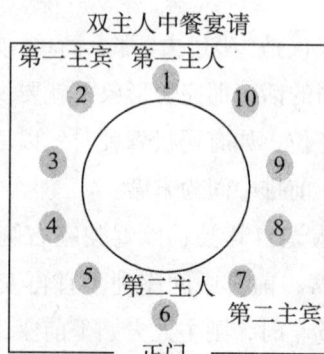

图3-11

中餐的餐具主要有杯、盘、碗、碟、筷、匙等。在正式宴会上，水杯放在菜盘左方，酒杯摆在菜盘的右边。筷子和汤匙可放在专用的碟子上，公用的筷子和汤匙最好放在专用的碟子上。

中餐上菜顺序如下：先上冷盘，后上热菜，最后上甜点和水果。

进餐开始的时候，服务员送上湿毛巾是擦手的，不要用它去擦脸。

入席后，不要立即动手取食，而应待主人打招呼由主人举杯示意开始时，才能动筷。

夹菜要文明，应等菜肴转到自己面前时再动筷，不要抢在邻座面前；一次夹菜也不应过多；不要用自己的筷子给人夹菜。

要细嚼慢咽，这不仅有利于消化，也是餐桌上的礼仪要求。绝不能大块往嘴里放，狼吞虎咽。

不要挑食，不要只盯着自己喜欢的菜吃，或者急忙把喜欢的菜堆到自己的盘子里。

不要把盘子里的菜拨到桌上；不要发出不雅的声音，如喝汤的声音，吃菜的声音；不要嘴里含着食物和别人聊天。

嘴里的骨头和鱼刺不要吐到桌子上，可用餐巾纸掩口，用筷子取出来放到碟子里。

不要用手在嘴里乱抠。可用牙签剔牙，并用手或餐巾掩住嘴。

避免大声喧哗。需要招呼服务员时可用手示意，切忌高声大叫。

这些礼节不仅可以使整个宴饮过程和谐有序，更使主客身份得以体现，情感得以交流。因此，餐桌之上的礼仪可使宴饮活动圆满周全，使主客双方的修养得到全面展示。

在中国，人们在餐馆用餐的穿着可以随便一些，即使是 T 恤、牛仔裤都可以，只有在重要的宴会上方穿得隆重一些。但在西方去高档的餐厅，男士要穿着整洁的上衣和皮鞋，女士要穿套装和有跟的鞋子。如果指定穿正式服装的话，男士必须打领带，不可穿休闲服到餐馆里用餐。

知识链接

中西餐桌上的"动静"

西方餐桌上静，中国餐桌上动。西方人平日好动，挥手耸肩等形体语言特别丰富。但一坐到餐桌上便专心致志去静静地切割自家的盘中餐。中国人平日好静，一坐上餐桌，便滔滔不绝，相互让菜、劝酒。中国人餐桌上的闹与西方餐桌上的静反映出了中西饮食文化上的根本差异。中国人以食为人生之至乐，所以餐桌上人们尽情地享受美味佳肴。餐桌上的热闹反映了食客发自内心的欢快。西方人以饮食为生存的必要条件，他们自然要遵守某些操作规范，以保证机器的正常运转。

礼仪是一种"修养"，修炼自己的内在素养，养成良好的外在行为，无论在微观个人素养和职业发展方面，还是在创造"和谐"社会与进步等宏观方面，都发挥着重要的作用。

礼仪是企业获得市场形象，得到更多资源支持的一种态度；礼仪是帮助企业和企业中的个体对市场产生影响力的最有效的资源。每位企业个体都是企业形象的代表，员工的职场形象与职场礼仪直接影响到企业的形象。员工良好的礼仪形象有利于企业形象的塑造，良好的企业形象对员工的工作又有着很大的影响力，它为员工开展业务提供公信力，是无形的营销资源，为员工的业务报价提供高端的心理预期，易于价格谈判的预先定位，为企业品牌传播提供可以描述的元素，可增强企业市场中的比较优势。

体验与践行

花三分钟的感谢

一家公司的公关部招聘一位职员，许多人参加了角逐。公司的面试和笔试都十分烦琐，一轮轮淘汰下来，最后只剩下5个人。5个人个个都优秀，都有较好的外表条件和学识，都毕业于名牌学校。公司通知5个人，聘用哪个人还得由经理层会议讨论后才能决定。

于是5个人安心地回家，等待公司最后的决定。几天后，其中一位的电子邮箱里收到一封信，信是公司人事部发来的，内容是："经过公司研究决定，你落聘了，但是我们欣赏你的学识、气质，因为名额有限，实是割爱之举。公司以后若有招聘名额，必会优先通知你。你所提交的资料录入电脑存档后，不日将邮寄返还于你。另外，为感谢你对本公司的信任，随寄去本公司产品的优惠券一份。祝你开心。"

该位应聘者在收到电子邮件的一刻，知道自己落聘了，十分伤心，但又为外资公司的诚意所感动。两天后，她收到了寄给她的材料和一份优惠券。她十分感动，顺手花了3分钟时间用电子邮件给那家公司发了一封简短的感谢信。

但两个星期后，她收到那家公司的电话，说经过经理层会议讨论，她已被正式录用为该公司职员。后来，她才明白，这是公司的最后一道考题。

公司给其他4个人也发了同样的电子邮件，也送了优惠券，但是回信感谢的只有她一个。她能胜出，只不过因为多花了3分钟时间去感谢。

请思考：1. 为什么只有她多花了3分钟去感谢，而其他4人没有这样做？谈谈你的感受。

2. 谈谈你所知道的求职时应注意的礼仪。

3. 说说求职面试时不同的衣着、言谈和举止，为什么会带来不同的求职结果。

弘扬法治精神

学习目标

1. 知晓人的行为需要社会规则的制约；
2. 了解法律的基本内涵和作用；
3. 理解依法治国的基本要求；
4. 能够运用法律思维判断社会现象；
5. 以遵纪守法为荣，以违法乱纪为耻；
6. 崇尚民主、公正、平等。

案例导入

20 世纪 90 年代，一部名叫《秋菊打官司》的电影引发广泛讨论。电影中的故事发生在中国西北的小山村，秋菊的丈夫因盖房子与村长发生争吵，被村长踢伤了"要命的地方"。怀有身孕的秋菊找村长讲理，村长拒不认错。秋菊到乡里公安局上访，公安局决定以村长赔偿 200 元的方式调解结案。村长虽然答应赔钱但心里并不服气，在秋菊面前将钱甩在空中。秋菊觉得受辱而不接受赔偿，又到上级公安局上访。经过市县两级公安局复议后维持原决定，"执着"的秋菊仍不服气，在律师的帮助下最终走向法院"讨个说法"。在这一维权过程中，秋菊因难产在村长的帮助下才顺利产子，秋菊一家对村长感激不尽。然而，就在孩子满月之时，法院判决拘留村长 15 天。原本秋菊要"讨的说法"只是一个道歉，却没料想到法律给她的结果却是"抓人"，这让秋菊"困惑不已"。秋菊"为权利而斗争"的故事给当时的"法盲"们上了一堂生动的法治教育课。

思考
1. 让秋菊"困惑不已"的究竟是什么？
2. 受伤的丈夫从法律上讲有哪些救济措施？

一个合格的公民既要具备良好的道德素质，也应具备相应的法律素质，树立"以遵纪守法为荣，以违法乱纪为耻"的观念。学习和掌握法律知识，增强法律意识，提高运用法律的能力，是培养合格公民法律素质的基本内容。

第一节　领会法律精神

一、法律的一般含义

从法律发展史来看，法律是一种复杂的社会历史现象。只有透过各种法律现象，把握深藏其后的本质，才能深刻揭示法律的一般含义。

知识链接

法律的词源

据我国第一部文字工具书《说文解字》的考证，汉语中"法"的古体为"灋"。"灋，刑也，平之如水，从水；廌（zhì），所以触不直者去之，从去。"廌是一种神兽（也称独角兽），它"性知有罪，有罪触，无罪则不触"。汉字"律"，据《说文解字》解释，"律，均布也。""均布"是古代调音律的工具，把"律"解释为"均布"，说明"律"有规范人们行为的作用，是普遍的、人人遵守的规范。

法律是由国家创制并保证实施的行为规范。法律区别于道德规范、宗教规范、风俗习惯、社会礼仪、职业规范等其他社会规范的首要之处在于，它是由国家创制并保证实施的社会规范。

名人名言

离娄之明，公输子之巧，不以规矩，不能成方圆。

——孟子

国家创制法律规范的方式主要有两种：一是制定，即国家机关在法定的职权范围内依照法律程序，制定、补充、修改、废止规范性法律文件的活动。二是认可，即国家机关赋予某些既存社会规范以法律效力，或者赋予先前的判例以法律效力的活动。

法律不但由国家制定或认可，而且由国家保证实施。也就是说，法律具有国家强制性。法律的国家强制性，既表现为国家对违法行为的否定和制裁，也表现为国家对合法行为的肯定和保护。国家强制力并不是保证法律实施的唯一力量。法律意识、道德观念、纪律观念也在保证法律的实施过程中发挥着重要作用。

法律是统治阶级意志的体现。在阶级社会中，法律是统治阶级意志的体现。这一命题包含着丰富的内容。首先，法律所体现的是统治阶级的阶级意志，即统治阶级的整体意志，而不是个别统治者的意志，也不是统治者个人意志的简单相加。其次，法律所体现的统治阶级意志，并不是统治阶级意志的全部，而仅仅是上升为国家意志的那部分意志。

法律由社会物质生活条件决定。法律不是凭空出现的，而是产生于特定时代的物质生活条件基础之上的。社会物质生活条件是指与人类生存相关的地理环境、人口和物质资料的生产方式等。其中，物质资料的生产方式既是决定社会面貌、性质和发展的根本因素，也是决定法律本质、内容和发展方向的根本因素。同样，生产力的发展水平也制约着法律的发展程度。

综合以上三方面，可以将法律定义为：法律是由国家制定或认可并以国家强制力保证实施的，反映由特定社会物质生活条件所决定的统治阶级意志，规范权利和义务，以确认、保护和发展有利于统治阶级的社会关系和社会秩序为目的的行为规范体系。

二、法律与道德、纪律的关系

作为现实社会和群体中生活的个人，一般来说是受到四种规范制约的，也就是说他必须在四种规范的框架内活动：一是法律规范，二是纪律规范，三是道德伦理规范，四是宗教规范。其中，法律和道德伦理规范制约的范围为全体社会成员，纪律规范制约的范围则与具体个人所处的单位、部门或党派的特殊性相关联。尽管社会的法律、纪律和道德伦理的规范是系统而庞大的，但如果能够遵守这些规范，就不仅不会感受到压抑，反而享受到充分的自由自在，这就是辩证法。

> **名人名言**
>
> 一个人只要宣称自己是自由的，就会同时感到他是受约束的。如果他敢于宣称自己是受约束的，他就会感到自己是自由的。
>
> ——［德］歌德

（一）法律与道德

道德是由一定的社会经济关系所决定的特殊意识形态，是以善恶评价为标准，依靠社会舆论、传统习惯和内心信念所维持的，调整人们之间以及个人与社会之间关系的行为规范的总和。法律在主观方面体现统治阶级意志和国家意志；在客观方面，法律的内容由一定的社会物质生活条件决定。

法律与道德的本质差异在于法律属于制度的范畴，而道德属于社会意识形态的范畴。道德可以约束人们的内在世界；而法律控制的是人的外部表现。法律与道德的本质差异主要体现在以下几个方面：

（1）调整对象和调整范围不同。道德调整的不仅仅是人的行为，还包括人的内心，即行为的动机是否高尚、善良等；而法律则考察人行为的外部表现的合法性。法律虽然也会考察行为的动机，但不能离开行为过问动机。典型的例子就是在刑法中不惩罚思想犯。道德调整的范围几乎涵盖了社会的全部活动；而法律只调整特定的行为。

（2）调节机制和可诉性不同。道德的调整主要是借助社会舆论、习俗、惯例和社会教育等来培养人们道德义务感的形成，通过人的自我约束和自觉遵守达到道德教化的作用，它属于一种软调节，其可诉性不确定。而法律依靠的是国家强制力，它由专门的司法机关和司法工作者依照特定的司法程序展开，它属于一种硬调节，具有可诉性。

尽管法律与道德存在着本质的区别，但二者作为调整人们行为的规范，有许多一致的地方。法律和道德的一致性表现在：

（1）法律是传播道德和维护道德的有效手段。学界通常将道德分为两个层次：基本道德和非基本道德。基本道德是维护社会秩序所必需的道德，如不得暴力伤害他人、不得危害公共安全等；非基本道德是基本道德之外的道德，如见义勇为。基本道德是法律的主要信息来源，是法律的道德基础的主体；而非基本道德一般不能规定为法律。

（2）道德是法律的伦理基础和评价标准，是法律的有益补充。法律应包括基本道德的内容。没有道德这一伦理基础，法律便可能成为"恶法"，是无法获得人们的尊重和自觉遵守的。

（3）道德对法律的实施有保障作用。执法者职业道德的提高，守法者法律意识、道德观念的加强，都对法的实施起着积极的作用。

（二）纪律与法律

纪律是社会一定组织为维护集体利益并保证活动正常进行而制定的、要求每个成员遵守的行为规则。纪律正是介于道德和法律之间的最常见的行为规范。但同纪律相比，法律是一种概括、严谨、普遍的行为规范，是国家制定和认可的行为规范，是国家确定权利和义务的行为规范，是以国家的强制力保证实施的行为规范。两者有着重要的区别，违纪不一定违法，而违法必定违纪。

尽管纪律和法律都具有强制性，都是依靠强制力来维持的，但是它们在强制的力度和维持的方式上是有区别的。纪律的强制力和法律相比是相对弱化的。法律的强制力是强强制力，它一般表现为限制或剥夺违法者的行动自主性，对于特别严重违法者还将剥夺其政治权利或生命权，即对触犯法律者给以拘留、逮捕或判刑，有些还给违法者以经济上的处罚，如罚金等。然而对于违反纪律者的处理，是不可能采取法律方式的。对于违反纪律者，只能是通过一定的行政手段或方法来推行，只能给予纪律处理，如批评、警告、记过、开除等这些相对缓和或温和的方式。

三、法律的作用

法律的作用是指法律对人与人之间形成的社会关系所发生的一种影响，它表明了国家权力的运行和国家意志的实现。从法是调整人们行为的社会规范这一角度，一般认为法律的作用包括指引作用、评价作用、教育作用、预测作用、强制作用。

（一）指引作用

指引作用指法律作为社会规范，指引人们选择行为的内容及其方式的作用。法律告诉人们何者可为，何者应为，何者禁为，告诉人们可能行为的法律后果，从而对决策过程产生影响，进而影响人们的行为。法律指引的方式有两种：第一种是确定性指引，这是通过规定可能行为的不良后果，要求人们必为某种行为或抑制某种行为，内容是确定的，即通过设定义务或职权的方式予以指引。第二种是选择性指引，指法律规定可以选择的行为方式，可能行为的有利后果，由行为人自主选择对自己有利的行为方式，此即通过授予权利的方式予以指引。

（二）预测作用

预测作用指法律有预知行为的可能结果的作用。法律作为规范，它确定了行为与后果之间的联系，成为人们预测社会后果的工具。这种预测一般包括：某种行为在法律上能否成立的预测；关于对方可能反应的预测；对法官可能判决的预测。

（三）教育作用

教育作用是法律通过其本身的存在以及运作产生广泛的社会影响，教育人们弃恶从善、正当行为的作用。法律的教育作用一方面表现为法作为原则、规范所包含的价值本身所具有的教育作用，此时法如教科书。在各类学校广为开展"普法教育"就是为了充分发挥法的教科书作用。法律的教育作用另一方面表现为法律运作过程对社会的影响。这种影响主要指：一般人群的守法行为对个体的感染作用，法律运作机构对违法者的处罚和对受害者的补救产生的惩戒、威慑和感化作用。

（四）评价作用

评价作用即法律作为规矩、权衡尺度给人们提供评判、衡量行为的是非、善恶的标准的作用。由于价值标准的差异和自身利益的干扰，人们区别是非、善恶的标准相差悬殊，而法律超越于个体差异之上，提供一个共同的标准。这些标准有些是原则性的，有些则是具体的。前者如法律原则，后者如各种法定技术性指标，如大气污染指标、噪音标准、核污染标准、食品卫生标准、饮用水卫生标准等。

（五）强制作用

法律的强制作用表现在：法律为保障自己得以充分实现，运用国家强制力制裁、惩罚违法行为。这种作用的对象是违法犯罪者的行为。法律的强制作用是任何法律都不可或缺的重要作用，是法律的其他作用的保证。如果没有强制作用，法律的指引作用就会降低，评价作用就会在很大程度上失去意义，预测作用就会产生疑问，教育作用的实效就会受到影响。总之，法律失去强制作用，也就失去了法律的本性。

四、我国社会主义法律体系

中国特色社会主义法律体系是以我国全部现行法律规范按照一定的标准和原则划分为不同的法律部门，并由这些法律部门所构成的具有内在联系的统一整体。中国的法律体系大体由在宪法统领下的宪法及宪法相关法、民法商法、行政法、经济法、社会法、刑法、诉讼与非诉讼程序法等七个部门构成。

（一）宪法及宪法相关法

宪法及宪法相关法是中国法律体系的主导法律部门，它是中国社会制度、国家制度、公民的基本权利和义务及国家机关的组织与活动的原则等方面法律规范的总和。它规定国家和社会生活的根本问题，不仅反映中国社会主义法律的本质和基本原则，而且确立各项法律的基本原则。最基本的规范体现在宪法中。除此之外，还包括了国家机构的组织和行为方面的法律，民族区域自治方面的法律，特别行政区方面的基本法律，保障和规范公民政治权利方面的法律，以及有关国家领域、国家主权、国家象征、国籍等方面的法律。

（二）民法商法

民法商法是规范社会民事和商事活动的基础性法律。中国采取的是民商合一的立法模式。民法是调整平等主体的自然人之间、法人之间、自然人和法人之间的财产关系和人身关系的法律规范的总和。民法是市场经济的基本法律。它包括自然人制度、法人制度、代理制度、时效制度、物权制度、债权制度、知识产权制度、人身权制度、亲属和继承制度等，如民法通则、婚姻法、合同法等。商法调整的是自然人、法人之间的商事关系，主要包括公司、破产、证券、期货、保险、票据、海商等方面的法律。

（三）行政法

行政法是调整国家行政管理活动的法律规范的总和。它包括有关行政管理主体、行政行为、行政程序、行政监察与监督以及国家公务员制度等方面的法律规范。行政法涉及的范围很广，包括国防、外交、人事、民政、公安、国家安全、民族、宗教、侨务、教育、科学技术、文化体育卫生、城市建设、环境保护等行政管理方面的法律。

（四）经济法

经济法是调整因国家从社会整体利益出发对经济活动实行管理或调控所产生的社会经济关系的法律规范的总和。经济法大体包含两个部分：一是创造平等竞争环境、维护市场秩序方面的法律，主要是有关反垄断、反不正当竞争、反倾销和反补贴等方面的法律；二是国家宏观调控和经济管理方面的法律，主要是有关财政、税务、金融、审计、统计、物价、技术监督、工商管理、对外贸易等方面的法律。

（五）社会法

社会法是调整有关劳动关系、社会保障和社会福利关系的法律规范的总和，它主要是保障劳动者、失业者、丧失劳动能力的人和其他需要扶助的人的权益的法律。社会法的目的在于，从社会整体利益出发，对上述各种人的权益实行必需的、切实的保障。它包括劳动用工、工资福利、职业安全卫生、社会保险、社会救济、特殊保障等方面的法律，如劳动法、职业病防治法、残疾人保障法等。

（六）刑法

刑法是规定犯罪、刑事责任和刑事处罚的法律规范的总和。刑法所调整的是因犯罪而产生的社会关系。它是在个人或单位的行为严重危害社会、触犯刑事法律的情况下，给予刑事处罚。刑法执行着保护社会和保护人民的功能，承担惩治各种刑事犯罪，维护社会正常秩序，保护国家利益、集体利益以及公民各项合法权利的重要任务。

（七）诉讼与非诉讼程序法

诉讼与非诉讼程序法是调整因诉讼活动和非诉讼活动而产生的社会关系的法律规范的总和。它包括民事诉讼、刑事诉讼、行政诉讼和仲裁等方面的法律。这方面的法律不仅是实体法的实现形式，而且也是人民权利实现的最重要保障，其目的在于通过程序公正保证实体法的公正实施。

第二节 培养法治思维

历史和现实告诉我们，法治是迄今为止人类社会探索出来的治理国家最合理的模式。我国实行依法治国，建设社会主义法治国家。法治国家建设的进程能否顺利进行，在一定程度上要看社会主义法治思维能否深入人心。我国法治宣传教育的任务不仅是普及法律知识，更重要的是培养公民的法治思维方式。法治已成为一种当今各主要国家所推崇的治国理政的方式。对一个社会而言，要想充分发挥法治的优越性，法治思维在很大程度上直接决定着法治实践的成效。

法治思维方式是指人们按照法治的理念、原则和标准判断、分析和处理问题的理性思维，是思考、分析、解决法律问题的习惯与取向。法治思维的养成，就个人而言，是社会主义公民的基本修养；对一个民族而言，则是一项十分艰巨的系统工程和历史性任务。培养法治思维，关键在于引导公民树立社会主义法治理念，养成遵纪守法的良好习惯。

知识链接

破窗理论

美国斯坦福大学心理学家菲利普·津巴多于1969年进行了一项实验，他找来两辆一模一样的汽车，把其中的一辆停在加州帕洛阿尔托的中产阶级社区，而另一辆停在相对杂乱的纽约布朗克斯区。停在布朗克斯区的那辆，他把车牌摘掉，把顶棚打开，结果当天就被偷走了。而放在帕洛阿尔托的那一辆，一个星期仍安然无恙。后来，津巴多用锤子把那辆车的玻璃敲了个大洞。结果仅仅过了几个小时，它就无影无踪了。以这项实验为基础，政治学家威尔逊和犯罪学家凯琳提出了一个"破窗效应"理论，该理论认为：如果有人打坏了一幢建筑物的窗户玻璃，而这扇窗户又得不到及时的维修，别人就可能受到某些示范性的纵容去打烂更多的窗户。久而久之，这些破窗户就给人造成一种无序的感觉，结果在这种公众麻木不仁的氛围中，犯罪就会滋生、蔓延。

"破窗理论"给我们的启示是，培养法治思维要从日常行为做起，要以法治思维指导涉法行为选择，日积月累，终成习惯。否则，"在法律面前不拘小节"，就可能"小洞不补成大洞"！

一、法治思维要求坚持法律至上原则

法治意味着法律的统治。在一国之内，法律拥有最高的权威，所有的人都必须服从法律的统治。因此，法治思维意味着法律至上而不是关系、人情伦理等"潜规则"至上。具体而言，涉及社会交往、社会管理的一切规则、程序都应该公开、透明，无论是普通公民还是政府管理者都应该"根据法律规则去思考"，所有人都是法律的臣民，受到法律规范的约束与指引。对于普通公民而言，法无禁止即自由；对于政府而言，法无授权即禁止，法治政府必须是限权政府。对于社会矛盾的化解，司法具有终局性和最后确定性。无论是公民还是政府，都应该尊重司法裁决，尊重司法权威。

案例链接

苏格拉底以身殉法

苏格拉底是古希腊著名的哲学家，他爱好广泛，喜欢思考，喜欢批判，而且还经常把那些在当时看来反教义的理论灌输给青年们。由于苏格拉底的行为对教会统治者的集权造成了威胁，公元前339年，苏格拉底被雅典的教会民主派以"侵蚀青年罪"处以死刑。

他在监狱里被关押一个多月，这时苏格拉底的一个学生克利托制订了一个周密的计划，他买通了狱卒想帮苏格拉底逃走，但苏格拉底拒绝了克利托的请求。他说："你来救我出去，是因为你觉得这个定我罪的法律是个恶法，不应当也没必要去服从它的规制。但我想说的是，你如何证明这个法律是恶法呢？总不能由于定了你老师的罪而成为恶法吧。是善是恶，总是有一套客观的被公认的价值标准来评定的，由不得我们个人去指手画脚。今天，如果我听了你的话，认定它是个恶法随你越狱而去，那么明天就也会有人跟我一样认为定他罪的法也是个恶法而越狱，后天也会有人这样……法律的权威如何确立？法律的公信力如何保障？所以，为了将来能有更多的人信仰法律的威严，尊重法律的地位，我不能随你而去，我能做的就是留在这里等待着法律的制裁。我不会跟你出去的，你走吧！"后来，苏格拉底被毒死。

苏格拉底不惜以牺牲自己的生命来维护法律的尊严，这不仅体现了他高尚的道德情操，同时也体现了他对法律的权威性和神圣感的信赖，为世人认真遵守法律做出了榜样。

二、法治思维要求树立权力制约观念

孟德斯鸠在《论法的精神》中曾言："一切有权力的人都极容易滥用权力，这是一条亘古不变的定律。"如果政府权力不受制约，则存在两个方面的危险：一是权力寻租，正所谓"权力导致腐败，绝对权力导致绝对腐败"；二是权力滥用，公民权利遭受政府权力的不法侵害。因此，法治思维的核心便在于：其一，通过分权与制衡，确立司法的权威性与终局性，所有政治问题的僵局最终都可以通过司法得以解决；其二，通过将公权力在各领域、各阶段的全方位、全过程的公开，让权力在阳光下运行，保障监督权力的有效性；其三，将各类行政权力、侦查权力、决策权力的行使确立科学、民主、透明的程序，确保任何人的合法权益非经法律的正当程序不受侵害。

三、法治思维要求充分尊重和保障人权

人权是人作为人所享有或应当享有的权利。法律的重要使命就是充分尊重和保障人权，不得以任何借口侵犯人权。人权的法律保障包括宪法保障、立法保障、行政保护和司法救济。第一，宪法保障是人权保障的前提和基础。宪法是一个国家的根本大法，具有最高的法律效力。只有宪法表明尊重和保障人权的鲜明态度，确立尊重和保障人权的

有效机制，明确列出宪法保障的基本人权，才能推动整个国家和法律体系加强人权保障。第二，立法保障是人权保障的重要条件。第三，行政保护是人权保障的关键环节。第四，司法救济是人权保障的最后防线，它为解决私人之间的人权纠纷提供了有效渠道，是纠正和扼制行政机关侵犯人权的有力机制，也是排除反人权的立法的重要手段。

案例链接

"孙志刚事件"推动收容遣送制度废止

孙志刚，男，27岁，湖北武汉人。2003年2月24日受聘于广州达奇服装有限公司。3月17日晚10时许，孙外出上网，途遇天河区黄村街派出所民警检查身份证，因未带身份证，被作为"三无人员"带回派出所。孙的同学成先生闻讯后赶到派出所并出示孙的身份证，但当事警官仍拒绝放孙。3月18日，孙被作为"三无人员"送往收容遣送站。当晚，孙因"身体不适"被转往广州市收容人员救护站。

20日凌晨1时多，孙遭同病房的8名被收治人员两度轮番殴打，于当日上午10时20分死亡。救护站死亡证明书上称其死因是"心脏病"。4月18日，中山大学中山医学院法医鉴定中心出具尸体检验鉴定书，结果表明，孙死前72小时曾遭毒打。

由于此次受害者身亡，并且其身份不是流浪汉，因而产生极大影响。许多媒体详细报道了此事件，并曝光了许多同一性质的案件，在社会上掀起了对收容遣送制度的大讨论。先后有8名学者上书全国人大，要求对收容遣送制度进行违宪审查。

6月20日，国务院总理温家宝签署国务院令，公布《城市生活无着的流浪乞讨人员救助管理办法》，6月22日，经国务院第12次常务会议通过的《城市生活无着的流浪乞讨人员救助管理办法》正式公布，并于2003年8月1日起施行。1982年5月12日国务院发布的《城市流浪乞讨人员收容遣送办法》同时废止。

四、法治思维强调增强程序意识

"离开程序也就没有法律制度可言。"在法治社会中，如何有效地实施法律，法律程序至关重要，法律的正义要通过公正的程序才能实现。程序是法律所规定的法律行为的步骤、方式和过程。法律通过规定明确的程序来约束人们的行为。程序性思维要求通过正当程序的运行和平公正地解决社会中已经存在的各种冲突。任何良法只有通过正当的法律程序才能体现其应有的价值。一方面，程序拒绝那种"为达目的不择手段"的做法，而是强调目的的达成或决定的作出，都必须要有正当的程序，程序正义能够增进与保证实体上的正义。另一方面，程序又有其自身的独立性，能够输送一种"看得见的正义"，通过程序能够使得利益相关者都"心悦诚服"，免却不必要的猜疑与不信任。一个公民应该让程序思维融入工作和生活中，在法律行为的具体实施过程中重视并按照法定的程序实施法律行为，做到懂程序、讲程序，考虑先做什么、后做什么，其行为过程、步骤、方式、时限等都应符合法定程序和正当程序的要求，在充分实现个人的权利和利益的同时，充分体现程序公正的价值。

案例链接

一元钱官司

1999 年有一位消费者在书店里购买一本《走向法庭》的书，离开书店后，发现这本书存在中间缺页的瑕疵，于是重返书店要求换书，同时要求该书店支付一元钱的往返乘车费用。书店店员只同意换书，双方对这一元钱的乘车费用互不相让，发生争执。这位消费者果真"走上法庭"，诉讼请求书店支付一元费用。最终原告赢得了"一元钱官司"，却为此付出了 3000 元左右的诉讼成本。

法国思想家卢梭曾言："一切法律之中最重要的法律既不是刻在大理石上，也不是刻在铜表上，而是铭刻在公民的内心里。"对于法治，我们也不能简单地停留在工具主义的层面。法治思维在更高层次上显现出我们对法治的态度——不单单是"有法可依""有法可用"，不单单是从形式上对法律的遵从与使用，更要形成内心里对法律的认同，把看起来枯燥的法律条文背后所应有的观念与态度作为我们的思维方式之一。法治思维更为强调公民、政府对法律的心理认同以及对法治的精神信仰，从而让法治成为一种生活方式与治国理念，以"法治思维"影响公民及政府按照"法治方式"采取行动。这无疑是一个从形式到实质、从被动到主动、从工具到目的的过程。这种法治精神的养成是法治的灵魂。

第三节　建设法治国家

党的十八大提出，法治是治国理政的基本方式，要加快建设社会主义法治国家，全面推进依法治国，到 2020 年，依法治国基本方略全面落实，法治政府基本建成，司法公信力不断提高，人权得到切实尊重和保障。党的十八届四中全会重点研究全面推进依法治国问题，这在中央全会的历史上是第一次。这是深刻总结我国社会主义法治建设的经验教训作出的重大抉择。

名人名言

　　法治应该包含两种意义：已成立的法律获得普遍的服从，而大家所服从的法律又应该本身是制定得良好的法律。

——［古希腊］亚里士多德

　　依法治国就是依照体现人民意志和社会发展规律的法律治理国家，而不是依照个人意志、主张治理国家；要求国家的政治、经济运作，社会各方面的活动统统依照法律进行，而不受任何个人意志的干预、阻碍或破坏。

知识链接

　　全面推进依法治国，总目标是建设中国特色社会主义法治体系，建设社会主义法治国家。这就是，在中国共产党领导下，坚持中国特色社会主义制度，贯彻中国特色社会主义法治理论，形成完备的法律规范体系、高效的法治实施体系、严密的法治监督体系、有力的法治保障体系，形成完善的党内法规体系，坚持依法治国、依法执政、依法行政共同推进，坚持法治国家、法治政府、法治社会一体建设，实现科学立法、严格执法、公正司法、全民守法，促进国家治理体系和治理能力现代化。

——《中共中央关于全面推进依法治国若干重大问题的决定》

一、依法治国的基本要求

　　依法治国的基本要求，可以用四句话来概括，即有法可依，有法必依，执法必严，违法必究。

（一）有法可依

　　有法可依，是立法方面的要求。这是依法治国的法律前提，也是依法治国的首要环节。有法可依是指社会的政治、经济、文化等各个需要法律调整的领域和方面都有良好的法律可资依据和遵循。有法可依不仅要求立各领域的法，更重要的是要求所立的法是良法，即符合人民的利益、社会的需要和时代的精神的法。如果所立的法是恶法或者漏洞很多，不仅会给坏人提供为非作歹的机会，还会使好人无从依法行事。

知识链接

　　法律是治国之重器，良法是善治之前提。建设中国特色社会主义法治体系，必须坚持立法先行，发挥立法的引领和推动作用，抓住提高立法质量这个关键。要恪守以民为本、立法为民理念，贯彻社会主义核心价值观，使每一项立法都符合宪法精神、反映人民意志、得到人民拥护。要把公正、公平、公开原则贯穿立法全过程，完善立法体制机制，坚持立改废释并举，增强法律法规的及时性、系统性、针对性、有效性。

——《中共中央关于全面推进依法治国若干重大问题的决定》

　　从形式方面说，法至少要满足下列几个要求：

　　（1）要具有稳定性与连续性。也就是说，为了保证社会秩序和社会关系的相对稳定，法律不能朝令夕改，频繁变动，反复无常，而应保持一定的稳定性与连续性。

　　（2）要具有内在的统一性与协调性。也就是说，整个法律体系应当是一个以宪法为总纲的、根本精神一致的、各级各类法律法规内在和谐的体系，这样有助于促进统一的、稳定的法律秩序的形成。

　　（3）要经由民主的、科学的立法程序制定。这是保障法律科学性、民主性的程序基础。

　　（4）要讲究立法技术，注意借鉴历史上的和国外的立法经验，更要注意总结自己的立法经验，提高法律的可操作性。

　　（二）有法必依

　　有法必依是指一切政党、国家机关、社会团体、企事业单位、公民都必须依法办事。这是依法治国的中心环节。

　　有法必依要求广大社会成员要依法办事。广大社会成员不但要自觉以法律为行动指南，还要善于运用法律来争取和捍卫自己的权利和自由，勇于同一切破坏法律秩序的违法犯罪行为作斗争，维护法律的威严。这是依法治国广泛而深厚的社会基础，是依法治国真正实现的重要标志。一切国家机关及其公职人员也必须严格依法办事。国家机关及其公职人员是代表国家制定、执行和实施法律的专门机关和人员，它们严格依法办事，是实行并坚持依法治国的关键所在。这是因为，一方面，国家机关，特别是行政、司法机关能否依法办事直接决定法律能否正确、有效实现，直接影响政府的形象和法律的尊严。另一方面，国家机关严格依法办事对社会成员的法律意识和法律行为有着重要的示范、导向和教化作用，有助于增强广大人民群众的法律意识，带动全社会形成遵纪守法的良好风气。

　　（三）执法必严

　　执法必严，是指执法机关和执法人员严格依照法律规定办事，坚决维护法律的权威和尊严。依法治国的关键是执法，难点和重点也在执法。执法必严可具体化为五项基本要求，即正确、合法、合理、公正、及时。

所谓正确，首先是指查清事实真相，事实认定正确，证据确实充分。这是正确适用法律的前提。其次是指正确理解法律，准确适用法律。这是执法的中心内容。再次是指实事求是，有错必究。

所谓合法，是指执法机关要依照法律规则、原则从事执法活动，不得以言代法、以权代法，更不得贪赃枉法；执法过程要符合程序法的规定和要求；执法结果要符合实体法的规则和精神。

所谓合理，是指在正确、合法的前提下，执法要符合公共道德和社会公益的要求，符合人民的愿望和实际的需要。

所谓公正，是指要坚持法律面前人人平等，对各方当事人一视同仁，同样的情况同样对待，同样的案件同样处理。

所谓及时，是指在保证执法正确、合法、公正的前提下，要加快执法工作速度，提高执法工作效率，从而早日解决社会纠纷，保证社会关系健康、稳定发展。

（四）违法必究

违法必究，就是要严格追究违法犯罪行为人的法律责任。这是依法治国的必要保证，是法律威严的重要体现。违法不究，不但会使受到侵犯的合法权益得不到法律保护和救济，使被破坏的社会关系和社会秩序得不到恢复，而且还会损害法律的威严，使法律失信于民。

在追究法律责任时，专门的国家机关应坚持下列基本原则：

（1）坚持以事实为根据、以法律为准绳的原则，保证责任的认定客观、正确、合法。

（2）坚持公民在适用法律上一律平等的原则。一切违法行为都要受到法律追究，不得放纵任何人的违法行为，不得畸轻畸重。

（3）坚持责任与违法行为相称原则。法律责任的种类、轻重应与违法行为的性质、危害程度相适应，既不能轻犯重罚，也不能重犯轻罚。

（4）坚持专门机关工作与群众路线相结合的原则，保证办案工作正确、高效、合法进行。

（5）坚持实事求是、有错必究的原则。对于因各种主客观因素所造成的冤假错案，要依法予以纠正，追究直接责任人员的法律责任。

发展中国特色社会主义，不仅需要法治，而且需要德治。法治，以其权威性和强制性规范社会成员的行为，令人不敢破坏规则；德治，以其感召力和劝导力规范社会成员的行为，让人不敢破坏规则。法律的权威源自人民的内心拥护和真诚信仰，而要树立信仰，就要弘扬社会主义法治精神，建设社会主义法治文化，增强全社会厉行法治的积极性和主动性，形成守法光荣、违法可耻的社会氛围；德治的实现需要法治的规范、制约，需要以法治体现道德理念，强化法律对道德建设的促进作用，法治本身也是社会主义核心价值观的重要内容。社会主义法治是建立、维护、实行社会主义道德的法律保障；社会主义德治是以社会主义思想道德来规范全体社会成员的行为，提高整个民族的道德水平。依法治国和以德治国是一个紧密结合的整体，二者缺一不可。

二、维护社会主义法治的统一、尊严和权威

依法治国，必须崇尚法律的权威。在情、理、法三者中，法律是首要的判断标准。为适应我国社会主义法治建设的新要求，要加强宪法和法律实施，坚持公民在法律面前一律平等，维护社会公平正义，维护社会主义法治的统一、尊严、权威。

维护社会主义法治的统一、尊严、权威，要求政府依法执政。依法执政，就是要使政府的组织、政府的权力、政府的运行、政府的行为和活动，都以宪法和法律为依据，都受宪法和法律的规范和约束。确保行政法规、政府规章、规范性文件和政策性文件同宪法和法律保持统一和协调，注重配套法规规章的制定和实施，充分发挥我国法律体系的整体功能。坚持以人为本，树立以尊重和保障人权为核心的现代行政执法观念，严格依照法定权限和程序行使权力、履行职责，形成职责权限明确、执法主体合格、适用法律有据、救济渠道畅通、问责监督有力的政府工作机制。

知识链接

法治与人治的区别

人治，是法治的对立概念，指依靠个人意志的作用来管理政权实行政治统治，是依靠统治者个人的权威治理国家的一种政治主张。在中国，人治思想源于儒家文化。如孔子认为"为政在人""其人存，则其政举；其人亡，则其政息"。法治与人治有以下区别：

第一，"法治"与民主相容，"人治"与专制相合。"法治"是与市场经济、工业文明相适应的一种治国方式。现代民主政治建立在法治基础之上。法治化的程度是衡量一个国家是否现代化的重要指标。"人治"是与自然经济、农业文明相适应的一种治国方式，君主专制是人治国家的主要统治形式。在人治国家中，一切人只服从拥有权力的人及其意志。因此，"法治"是"人治"的对立物，也是"人治"的天敌。现代国家要走出"人治"的局限，清除"人治"的痼疾，最有效的途径是采用"法治"。

第二，"法治"强调"权自法出"，人治强调"法自权出"。"法治"强调权自法出，即所有的公共权力都应当具有合法性根据，没有合法性基础便不得行使任何权力，即使人们在法律之外行使了相关权力，也不发生法律效力。"人治"

强调法律出自君主。正所谓"朕即国家""朕即法令"。在人治国家，君主和统治阶层既能创生法律，又能超越法律。

第三，"法治"强调"法大于权"，"人治"强调"权大于法"。"法治"强调一切公权力都应当服从法律，法律是最高的公共理性，也是公权力的产出之所。没有法律根据的一切权力均为非法。即便是紧急状态下政治权力的运用也要遵循依法行使的原则。"人治"是最高统治者不受法律约束的"权治"。最高统治者的权力大于法律。谁拥有国家权力，谁就主宰国家和民众。

维护社会主义法治的统一、尊严、权威，要求司法机关公正司法。司法权威是法治权威的重要体现。要坚持以公正树权威，充分发挥社会主义司法的职能作用，维护公平，伸张正义。坚持司法为民、公正司法，深化司法体制和工作机制改革，优化司法职权配置，规范司法行为，建设公正、高效、权威的社会主义司法制度，保证审判机关、检察机关依法独立公正地行使审判权、检察权。加强政法队伍建设，做到严格、公正、文明执法，为促进社会和谐、维护社会公平正义提供有力的司法保障。

三、树立社会主义法治理念

建设社会主义法治国家，要坚持依法治国基本方略，树立社会主义法治理念。社会主义法治理念包括依法治国、执法为民、公平正义、服务大局、党的领导五个方面的内容。

知识链接

法律的权威源自人民的内心拥护和真诚信仰。人民权益要靠法律保障，法律权威要靠人民维护。必须弘扬社会主义法治精神，建设社会主义法治文化，增强全社会厉行法治的积极性和主动性，形成守法光荣、违法可耻的社会氛围，使全体人民都成为社会主义法治的忠实崇尚者、自觉遵守者、坚定捍卫者。

——《中共中央关于全面推进依法治国若干重大问题的决定》

依法治国是社会主义法治的核心内容。依法治国，就是要维护宪法和法律的权威，维护社会主义法制的权威，建立权威的司法制度，形成自觉学法守法用法的社会氛围。这是依法治国的前提，也是树立社会主义法治理念的根本要求。依法治国，就是要体现法律的公平正义价值，充分保障公民的权利，约束国家机关的权力，防止国家权力滥用，这是依法治国的核心。依法治国，就是要建立公开、公正的程序规则，并以此规范国家权力的运行，这是全面落实依法治国的关键。

执法为民是社会主义法治的本质要求。社会主义法治的根本目的是保障人民群众的合法权益。执法为民，就是要求政法机关做到保护人民利益与维护法律权威的高度统一，这充分体现了社会主义法治的根本性质和价值取向。执法为民的价值取向，表明人民是政法机关的服务对象。执法机关要端正执法态度，改进执法作风，切实做到权为民所用、情为民所系、利为民所谋，绝不能损害人民利益。执法为民的价值取向，表明我国的法治是人民的法治，执法必须为民，也只能为民。执法为民的价值取向，突出了"主权在民"的原则。

公平正义是社会主义法治的价值追求。公平正义是衡量社会文明与进步的重要尺度，是社会主义国家制度的首要价值。一般而言，公平注重于对法律形式和诉讼过程的评价，正义侧重于对法律内容及实践结果的评价；公平是正义的外在生命，正义是公平的内在灵魂；公平是前提，正义是结果，二者联系紧密，共同构成社会主义法治的价值准则。

知识链接

公平主要有三个原则。一是平等性，即在法律面前人人平等，反对特权，也禁止歧视，在同等条件下提供平等的法律服务和司法保护。二是中立性，即在执法过程中，任何人不能做自己案件的"法官"，仲裁者不能对争议双方有好恶偏见。三是客观性，即反对主观臆断，反对感情用事，司法决定要以事实为基础，以理性推理为依据，以法律为准绳。

正义有三项基本要求。一是主张创制法律时设定权利和义务的合理性。应根据经济社会发展的实际情况规定公民的权利与义务，权利与义务要保持一致性。二是强调是非分明、惩恶扬善，维护社会秩序。尊重合法权益，追究违法行为，是法治的基本正义。责任是法律的生命，违法必究是实现社会主义法治的基本要求和有力保障。无论是公民、法人违法，还是执法机关违法，都必须依法追究其责任，否则必然导致有法不依，损害法律的权威。三是救助弱者，重点维护弱势群体的权益。法治应当保证全体社会成员都能享有公民的权利。

服务大局是社会主义法治的重要使命。法律作为社会关系的调节器，对公民权益的实现以及社会秩序的形成具有直接影响。为国家大局服务，是法的基本功能之一，也是法治的基本使命。法治要顾及全局、把握大局，就是要服从服务于国家的中心工作。服务大局是检验社会主义法治建设和政法工作成效的重要准则。

党的领导是社会主义法治的根本保证。一个国家实行什么样的法治模式，是与该国的国情特别是政治制度相适应的。建设社会主义法治国家，必须始终坚持中国共产党的领导。坚持党的领导是中国社会主义法治建设的核心问题。正是有了党的坚强领导，才有当代中国的法治化进程。

崇尚社会主义法治理念更加促使我们成为爱国爱党的人、遵纪守法的人、关心他人的人、光明磊落的人。

体验与践行

　　某图书馆向所有读者免费开放。乞丐、拾荒者和衣衫破旧的民工小心翼翼进来了，无人阻挡，于是他们便在馆内读书看报。有读者对此表示不满，向馆长抱怨说：图书馆是大雅之堂，如果允许乞丐和拾荒者进入阅读，就是对其他读者的不尊重。馆长回答说：我无权拒绝他们入内阅读，但你有权选择离开。……

　　"如果有天堂，天堂应该是图书馆的模样。"这是文学大师、曾担任阿根廷国立图书馆馆长的博尔赫斯的一句名言，该图书馆向乞丐和拾荒者免费开放，不啻一轮明亮的太阳让乞丐和拾荒者在得到温暖的同时，也净化我们的心灵。

1. 从法律角度如何理解"我无权拒绝他们入内阅读，但你有权选择离开"？
2. 图书馆对乞丐和拾荒者免费开放对我们处理人际关系有何启示？

国之根本大法——宪法

学习目标

1. 了解宪法在我国法律体系中的地位；
2. 掌握我国宪法的基本内容；
3. 正确行使宪法赋予公民的基本权利；
4. 自觉履行宪法赋予公民的基本义务；
5. 形成良好的法律意识及宪法式的思维习惯；
6. 维护宪法尊严，保障宪法实施。

案例导入

大多数高校对宿舍内用火、用电等都谨慎地持严格限制态度。某大学在宿舍管理办法中规定：严禁在宿舍楼内使用明火（如点蜡烛，烧煤油炉、煤气炉、酒精炉等各类有明火的器具），严禁使用功率大于 600 瓦的电器设备。学校在火灾多发季节进行突击检查，除深夜休息时间任何时间段都有可能。而且为防止宿舍里面的学生有时间藏匿可能正在使用的违章电器，检查人员通常只是象征性地敲一下门就径直开门进入，学生时常睡眼惺忪、蓬头垢面甚至衣冠不整地迎接检查，休息的被吵醒、学习的思绪被打断也是家常便饭。宿舍没人时检查人员进入宿舍检查也时常会翻动宿舍内学生的私人物品，一经发现有违章电器不管是否为学生个人使用、是否处于使用状态一律予以没收，学生回宿舍经常怀疑是不是有小偷光顾。

对此有学生提出，学校的这种随时的、任意的突击检查行为干扰了他们正常的学习生活，严重侵犯了他们的住宅权与自由权，违背了宪法。

思考 学校为维护学生安全采取的措施为什么引起了学生的反感？

第一节 走进宪法

一、中华人民共和国宪法的发展史

一国宪法的发展史就是一国民主法治的历史。自新中国成立以来，随着社会政治、经济、文化等各方面生活的变化，我国宪法经历了以下的发展历程：

（一）《共同纲领》

由中国人民政治协商会议第一届全体会议于 1949 年 9 月为新中国的建立而制定颁布的。它规定了新中国的国体、政体和公民的基本权利与义务等国家基本制度与重大问题，以及国家在政治、经济、文化、教育、民族和外交等方面的基本政策，起到了临时宪法的作用。

（二）1954 年宪法

1954 年宪法由第一届全国人大第一次会议通过。它规定了我国的国家性质、基本经济制度和政治制度，过渡到社会主义的方法和步骤，以及公民在法律上一律平等和公民享有的基本权利与自由。这是我国第一部社会主义类型的宪法。

（三）1975 年宪法

1975 年宪法由第四届全国人大第一次会议通过。因特定的历史原因，它从总体上强调阶级斗争为纲，因而不可避免地存在严重的缺点和错误。

（四）1978 年宪法

1978 年宪法由第五届全国人大第一次会议通过。它在一定程度上纠正了 1975 年宪法的极"左"倾向，但由于当时许多是非问题在理论上和政治上还未能分清，因此尽管经过两次修改，1978 年宪法从总体上仍不能适应国家生活和社会生活的需要。

（五）1982 年宪法

1982 年宪法由第五届全国人大第五次会议通过，是我国现行宪法。它规定了公民的基本权利义务、国家机构、国旗国徽、首都等，其体现的基本精神有：集中力量进行社会主义现代化建设；发展社会主义民主，健全社会主义法制；维护国家统一和民族团结；坚持改革开放，进行经济体制和政治体制改革。

1988 年、1993 年、1999 年和 2004 年全国人大四次以宪法修正案的方式对 1982 年宪法进行了修改和补充。

资料链接

1954年9月20日，一个永载新中国史册的日子。这一天下午，在北京中南海怀仁堂里，新中国的第一部宪法（简称"五四宪法"）诞生了。

55年过去了，已是八十高龄的许崇德先生拿出了珍藏多年、纸张已经泛黄的"五四宪法"，向记者回忆起新中国宪政发展史上难以忘怀的一幕幕。许先生是我国"泰斗"级的宪法学家、中国人民大学的博士生导师，新中国宪法的制定和一次次修改，他都是参与者和亲历者。

许先生说，新中国的制宪是在中国共产党的建议和直接领导下进行的。毛泽东对宪法的起草工作非常重视，他不仅担任宪法起草委员会主席，还亲自带领起草小组南下杭州，在那里集中精力起草宪法草案条文。

五四宪法通过那天，怀仁堂里灯火辉煌，出席大会的代表个个喜气洋洋。当执行主席宣布"全票通过"，代表们全都站了起来，长时间鼓掌、欢呼。不一会儿，锣鼓声、鞭炮声从中南海外传来，北京市民听到广播，自发走上街头，热烈庆祝新中国宪法的诞生。

"那一年，不少新出生的孩子名字中都带有'宪'字。后来我不时碰到'张宪法''王立宪''李宪生'，一听名字就知道是1954年生人。"许先生说。

二、宪法是国家的根本大法

（一）宪法规定国家根本制度

宪法规定国家根本制度，回答有关国家生活和社会生活的最根本问题，宪法内容具有宏观性和全面性；而普通法律一般只规定国家生活或社会生活的某一方面，具有微观性和具体性。我国宪法规定了我国的国家性质、社会制度、经济制度、文化制度、国家政权组织形式、公民的基本权利与义务、国家机构的组织与活动原则及国家标志。

（二）宪法具有最高的法律地位

1. 宪法是其他法律的立法依据

普通法律的制定以宪法为基础和依据，如《刑法》《刑事诉讼法》《民法》《民事诉讼法》等均规定"根据宪法，制定本法"，因此宪法又被称作法律的法律，即母法。1999年宪法修正案规定："中华人民共和国实行依法治国，建设社会主义法治国家。"依法治国的核心是依宪治国，而依宪治国的内在要求是宪法至上。这就意味着宪法在国家和社会生活中具有至高的法律地位。

名人名言

宪法是法律的法律。
——［德］马克思

知识链接

我国设立国家宪法日

党的十八届四中全会审议通过的《中共中央关于全面推进依法治国若干重大问题的决定》提出，将每年12月4日定为国家宪法日。2014年11月1日，十二届全国人大常委会第十一次会议审议通过了关于设立国家宪法日的决定，明确将12月4日设立为国家宪法日，国家通过多种形式开展宪法宣传教育活动。

从建设社会主义法治国家的基本目标出发，将12月4日设立为国家宪法日，有助于普及宪法观念，培养和强化公民的宪法意识，维护宪法的权威，从而实现依法治国。

2. 宪法具有最高的法律效力

我国《宪法》规定："一切法律、行政法规和地方性法规都不得同宪法相抵触。"宪法在法律体系中具有最高的权威，法律、行政法规的内容和精神都不得与宪法的原则和规定相抵触、相违背，否则，就会因违宪而无效。

（三）宪法的制定与修改程序最严格

为维护宪法的权威性、严肃性，我国《宪法》规定，只有全国人民代表大会才有制定宪法的权力，其他任何机关与组织都没有这项权力。

我国《宪法》也规定了宪法不同于一般法律的特殊修改程序。第一，提议修改宪法的主体是全国人大常委会或者五分之一以上的全国人大代表；第二，宪法的修改由全国人大以全体代表的三分之二以上多数通过；第三，公布宪法的机关是全国人大。

资料链接

2004年3月14日下午，庄严的人民大会堂又一次见证了一个重要的历史时刻，参加十届全国人大二次会议的2903名全国人大代表，以无记名投票的方式表决通过宪法修正案。在2890张有效票中，2863票赞成、10票反对和17票弃权，赞成票超过全国人民代表大会全体代表的三分之二以上，《中华人民共和国宪法修正案》获得高票通过。这是我国第四次修改现行宪法。

第二节　我国公民的基本权利与义务

一、公民的基本权利

（一）平等权

平等权是指公民依法平等地享有权利，平等地履行义务，不受任何差别对待。平等权是我国《宪法》规定的一项基本权利，是权利主体参与社会生活的前提和基本条件。

1. 平等权的基本特点

（1）从公民与国家的关系看，公民有权利要求国家给以平等的保护，不因公民的性别、年龄、职业、出身等原因给以差别对待，国家有义务无差别地保护每一个公民的平等地位。

（2）平等权是实现其他权利的方法或手段。平等权是基本权利体系中的一种，同时也是实现政治权利、经济权利、社会权利与文化权利的手段，为这些权利的实现提供了基础和环境。

2. 平等权的基本内容

（1）所有公民都平等地享有宪法和法律规定的公民权利。

（2）所有公民都应平等地履行宪法和法律规定的义务。

（3）国家机关在适用法律时，对于所有公民的保护或者制裁都是平等的，不得因人而异。

（4）任何组织或者个人都不得有超越宪法和法律的特权。

> **名人名言**
>
> 我们认为这是不言而喻的真理，一切人生来都是平等的。
>
> ——［美］托马斯·杰弗逊

案例链接

2002年5月26日晚9时许，原绍兴轻纺科技中心总经理徐建平与其妻丁遐（公司董事长）吃过晚饭后，先后回到位于柯桥的公司卧室内，两人因工作及家庭琐事发生争吵。徐建平借着酒劲，一手拿起茶杯向丁遐头部猛击，一手使劲猛掐丁的颈部，直至妻子窒息死亡。作案后，徐建平用钢锯将尸体肢解，抛入消防蓄水池内。次日，徐建平乘车潜逃到江苏省南京市。2002年11月15日，徐建平被公安机关逮捕。

2003年4月，徐建平在关押期间完成的3项实用新型技术被国家知识产权局专利局受理，这3项技术发明都与纺织行业有关。徐本人拥有多项国家专利，还曾被评为2001年度全国生产力促进中心先进个人。近200名知识界人士上书法院请求"刀下留人"，认为其对中国纺织业有巨大贡献，保留其一命更有价值。后法院以故意杀人罪判处徐建平死刑。

资料链接

十二届全国人大代表名额分配践行三个平等

1. 实现人人平等。按照城乡相同人口比例的原则分配两千名代表名额。十二届全国人大代表选举按城乡约每67万人分配1名代表名额，实行城乡同比选举，是中国社会发展和进步的体现，有助于在社会上普及选举平等意识，促进城乡一体化发展。

2. 实现地区平等。十二届全国人大代表选举确定的各地区基本名额数为8名，确保人口较少的地区有一定数量的代表。正因如此，通过对比十二届与十一届全国人大代表的地区分布可以发现，一些省份的代表数量有了增加，一部分省份的代表数量有了下降。

3. 实现民族平等。十二届全国人大代表选举坚持民族平等。在选出的代表中，少数民族代表409名，占代表总数的13.69%，全国55个少数民族都有本民族的代表。

（二）政治权利和自由

政治权利与自由是指公民依据宪法和法律的规定，作为国家政治生活主体依法享有的参加国家政治生活的权利和自由，是国家为公民直接参与政治活动提供的基本保障。它表现为两种形式：一种是选举权与被选举权，一种是政治自由权。

1. 选举权与被选举权

选举权是指公民依法享有的选举国家权力机关代表的权利；被选举权是指公民依法享有的被选举为国家权力机关代表的权利。我国的国家权力机关是全国人民代表大会和地方各级人民代表大会，选举权和被选举权就是公民依法享有的选举各级人大代表和被选为各级人大代表的权利。选举权和被选举权是公民极为庄严的政治权利，是人民当家做主的重要体现。

我国公民的选举权与被选举权具有普遍性与广泛性。根据《宪法》第34条规定："中华人民共和国年满十八周岁的公民，不分民族、种族、性别、职业、家庭出身、宗教信仰、教育程度、财产状况、居住期限，都有选举权和被选举权，但是依照法律被剥夺政治权利的人除外。"

选民，即依法享有选举权的公民。选民对人大代表的候选人，可以投赞成票，也可以投反对票，可以另选其他选民，也可以弃权；选民有权对所选代表依法进行监督；选民还有权依照法定程序罢免那些不称职的代表。

案例链接

高二男生参选人大代表

"还有十天，我便成为一名成年的中国公民。经与父母商讨，我已决定参加今年深圳市福田区人大代表换届选举。姓名：刘若曦。年龄：十八岁。参选理由：依法参选人大代表，是宪法赋予每位公民的权利。理念：人民代表为人民。为民众表达诉求、争取利益。口号：民主政治，需要每个人的参与。请投下你神圣的一票。"这条微博在短短半天时间内，被转发2000多次。博主、深圳市高级中学高二（8）班学生刘若曦对记者说，自己决定参选经过了深思熟虑，但对于微博发布后引起的轰动效应，有些始料未及。

决定参选之前，这位高二男生特意去图书馆查阅了有关选举的法律知识，并且通过深圳市政府网站和福田区人大网站，了解区人大代表的换届时间、参选的程序等。

2.政治自由

政治自由包括言论、出版、结社、集会、游行、示威自由。

（1）言论自由：公民依照法律规定，通过语言形式表达和宣传自己的各种思想见解的自由。

（2）出版自由：公民或社会群体依照法律规定，通过书籍、报刊、广播、电视等渠道，表达思想、意见、愿望、要求的权利。

（3）结社自由：公民有依照法律规定，为一定的宗旨而组织或者参加某种社会团体的自由。

（4）集会、游行、示威自由：集会自由是公民依照法律规定聚集在一定场所，研究大家共同关心的问题，并发表意见或举行某种活动的自由。游行自由是公民依照法律规定持标语、旗帜等标志，在公共道路、露天公共场所列队行进，表示某种庆祝、纪念或抗议、声讨等强烈的共同意愿的自由。示威自由是公民有依照法律规定聚集在公共场所，以集会、游行、静坐等方式，表达某种抗议、义愤的情绪，并表示自己的力量和决心的自由。

我国公民的言论、出版、结社、集会、游行、示威的自由权利都写入我国《宪法》，这说明公民行使这些权利有法律的保证。但我国公民言论、出版、结社、集会、游行、示威的自由，都必须在国家法律、法规规定

> **名人名言**
>
> 法律的目的不是废除或限制自由，而是保护和扩大自由。
>
> ——〔英〕洛克

的范围内行使。自由是相对的，而不是绝对的，自由要受法律的制约，自由和法律是对立统一的，法律是自由的体现和保证。也就是说，自由只能做法律允许的事情，超越法律许可的范围，就是违法行为，就要受到法律的限制或制裁。

案例链接

2012年8月19日上午，北京、济南、青岛、广州、深圳等中国10多个城市均有规模不一的群众聚集、游行，他们高喊"抵制日货""勿忘国耻""滚出钓鱼岛"等口号，抗议日本右翼分子当天非法登上中国的钓鱼岛。

虽说本次的群众聚集场合均有警察维持秩序，游行抗议活动整体平稳，但也有个别地方出现了极不冷静和不理性的行为。在游行途中出现打砸同胞日系车的行为，让整个活动出现了不该有的"污点"。一位大姐参加游行后，回到停车位却发现自己的日系车被砸了，不禁掩面而哭。对此，有网友评论说：抵制日货当先抵制蠢货。

（三）监督权

我国《宪法》第4条第1款规定："中华人民共和国公民对于任何国家机关和国家工作人员，有提出批评和建议的权利；对于任何国家机关和国家工作人员的违法失职行为，有向有关国家机关提出申诉、控告或者检举的权利，但是不得捏造或者歪曲事实进行诬告陷害。"这是我国《宪法》赋予公民的对国家机关和国家工作人员的监督权，是国家一切权利属于人民的体现。

监督权是一项综合性权利，包括以下具体内容：

1. 批评和建议权

即对国家机关及其工作人员的缺点提出批评，对其改进工作提出建议；对于国家机关和国家机关工作人员的违法失职行为，有向有关国家机关提出申诉、控告或检举的权利。

2. 申诉权

即公民对国家机关给予的行政处分（包括警告、严重警告、记过、记大过、停职或开除等）和法院的诉讼判决不服，或者受到压抑、歧视等不公正的待遇时，有权依法向有关国家机关提出申述或诉讼，请求免除、减轻处理或予以平反，给予公正待遇。

3. 控告权

即公民对国家机关及其工作人员的违法失职行为，有权向有关国家机关进行揭发、举报，要求依法处理。

案例链接

2013年曾因"万里长征图"引起广泛关注的曹志伟昨天上午再次在广州市政协各界别委员代表座谈会上发声，他亮出一张"人在'证'（征）途"，反映每位公民都会遭遇的办证难问题。"要打破行政壁垒，一证行天下！"

人在一生中，要办多少证？曹志伟经过8个多月的调查说，常见的证103个。我们第一个证在没出生前就要办了，出生后要办出生证、疫苗证、户口本，读书办学生证、毕业证、学位证，工作后办就业报到证、社保证、职业资格证，退休后要办退休证、老人证，死了还没消停，还有火化证、骨灰存放证，不是在办证，就是在办证的路上，人在"证"途。

曹志伟说，办这些证要经过18个部委、39个处室，盖100多个章，要交28项办证费，提交50多张照片，70多次身份证明。他建议，打破行政壁垒，建立公民信息大数据库，一方面方便公民办证，另一方面取消合并部分证件，比如身份证的信息就可以涵盖退休证和老人证等信息，包括五险一金的情况。

——2014年2月20日《羊城晚报》

（四）宗教信仰自由

我国《宪法》第36条规定："中华人民共和国公民有宗教信仰自由。任何国家机关、社会团体和个人不得强制公民信仰宗教或者不信仰宗教，不得歧视信仰宗教的公民和不信仰宗教的公民。"

1. 宗教信仰自由的内容

（1）公民有信仰宗教的自由，也有不信仰宗教的自由。任何国家机关、社会团体和个人不得强制公民信仰宗教或者不信仰宗教，不得歧视信仰宗教的公民和不信仰宗教的公民。

（2）保护一切正常的宗教活动。宗教信徒在宗教活动场所内所进行的正常宗教活动，均受到国家法律保护。同时，宗教团体按照宪法、法律和政策的有关规定，可以开办宗教院校，出版宗教书刊，销售宗教用品和宗教艺术品，开展宗教方面的国际友好往来，进行宗教学术文化交流等。公民在行使宗教信仰自由权利的同时，必须履行自己的义务。任何人不得利用宗教反对中国共产党的领导和社会主义制度，危害国家统一和民族团结；不得利用宗教干预国家行政、司法事务和教育制度，损害社会的、集体的利益，妨碍其他公民的合法权利。

（3）我国各种宗教不受外国势力的支配，实行独立自主自办和自治、自养、自传的原则。

2. 宗教与邪教的区别

（1）对社会的态度不同。宗教倡导信徒融于社会，服务社会，造福人群，维护社会和谐。邪教则完全相反，虽然它盗用了宗教的一些用语，但它的本质是反社会的，蛊惑煽动成员仇视社会。

（2）崇拜对象不同。宗教信仰和崇拜的对象是各个宗教特定的神，是固定不变的。邪教崇拜的则是教主本人，邪教头子自称是神的"替身""代表"，神化自己，使成员对其顶礼膜拜和盲目服从，从而达到对成员精神控制的目的。

（3）理论学说不同。宗教有自己的典籍和教义，构成了其理论学说体系。而邪教教主无不刻意渲染灾劫的恐怖性，频频发出某年某月某日为世界末日的语言，扰乱人心，制造恐慌。

（4）活动方式不同。宗教有依法登记的团体组织和活动场所，信教公民的集体宗教活动在经登记的宗教活动场所内举行。邪教则活动诡秘，它们采取地下活动方式，串联、聚会活动多在比较隐蔽的地点进行。

案例链接

　　2014年5月28日21时许，山东省招远市一麦当劳快餐店内发生一起命案。事发当天，犯罪嫌疑人张立冬等6人，为宣扬邪教，发展成员，在招远市罗峰路麦当劳快餐厅内向周围就餐人员索要电话号码。当索要被害人吴硕艳（女，35岁，山东省招远市人）电话，却遭其拒绝后，张立冬等人认为其为"恶魔""邪灵"，应将其消灭，遂实施殴打，致被害人死亡。

　　2014年8月21日，该案在山东烟台市中级人民法院第一审判庭公开开庭审理。10月11日，该案公开宣判。张帆、张立冬被判死刑，吕迎春被判无期徒刑，张航、张巧联分别被判处有期徒刑十年和七年。2014年11月28日，山东省高级人民法院对上诉人张帆、张立冬、吕迎春等涉邪教杀人案二审宣判，维持原判。

（五）人身自由权

人身自由权是指公民在法律范围内有独立行为而不受他人干涉，不受非法逮捕、拘禁，不被非法剥夺、限制自由及非法搜查身体的自由权利。人身自由不受侵犯，是公民最起码、最基本的权利，是公民参加各种社会活动和享受其他权利的先决条件。它是公民按照自己的意志和利益进行行动和思维，不受约束、控制或妨碍的人格权。我国《宪法》第37条规定："中华人民共和国公民的人身自由不受侵犯。"人身自由包括以下内容：

1. 人身自由不受侵犯

人身自由不受侵犯是指公民享有人身不受任何非法搜查、拘禁、逮捕、剥夺、限制的权利。我国《宪法》第37条规定："任何公民，非经人民检察院批准或者决定或者人民法院决定，并由公安机关执行，不受逮捕；禁止非法拘禁和以其他方法非法剥夺或者限制公民的人身自由，禁止非法搜查公民的身体。"如果公民实施了违法犯罪行为，需要剥夺或者限制其人身自由，必须严格依照法定程序。

案例链接

2015年3月2日下午，广西容县容州镇河南村村民刘某放在家中的2万元现金被盗。其邻居王某表示，当时无意间发现1名男童在爬墙，从失主打开的二楼窗户爬进室内，但由于正值春节期间，以为是来串门子的亲戚小孩顽皮捣蛋，不确定男童是否是小偷，就躲在暗处观察。不久后，男童从窗户爬出来，肚子圆圆的，王某上前从男童身上搜出一个装钱的塑料袋。刘某知道后十分愤怒，除了命令男童罚跪外，还把他关进猪笼。这还不够，刘某、王某索性将男童扒光丢进池塘里，当时气温10℃不到，而整个处罚过程长达一小时，直到男童不断求饶才肯让他上岸。

该起事件发生后，当地派出所介入调查，王某、刘某因侮辱、鞭打男童，分别被罚款一百元和两百元。

我国《宪法》规定，禁止非法拘禁和以其他方法非法剥夺或者限制公民的人身自由。如果公民实施了违法行为，需要剥夺或限制其人身自由，必须严格依照法定程序。针对违法的行为，进行违法的处罚，同样要受到法律的制裁。

2. 人格尊严不受侵犯

《宪法》第38条规定："中华人民共和国公民的人格尊严不受侵犯。禁止用任何方法对公民进行侮辱、诽谤和诬告陷害。"

人格尊严是指与人身有密切联系的名誉、姓名、肖像权不容侵犯的权利。基本内容包括：

（1）公民享有姓名权。公民有权决定、使用和依照法律规定改变自己的姓名，禁止他人干涉、盗用、假冒。

（2）公民享有肖像权。《民法通则》第100条规定，公民享有肖像权，未经本人同意，不得以营利为目的使用公民的肖像。

（3）公民享有名誉权。名誉权是公民要求社会和他人对自己的人格尊严给予尊重的权利。

（4）公民享有荣誉权。公民因对社会有所贡献而得到的荣誉称号、奖章、奖品、奖金等，任何人不得非法剥夺。

（5）公民享有隐私权。隐私是公民个人生活中不想为外界所知的事，他人不得非法探听、传播公民的隐私。

案例链接

2008年3月29日下午，67岁的马洪元到荆门中商百货分公司超市购物，付款后，因报警器故障，老人经过超市安检门时报警器报警。超市保安拦住老人进行脱衣搜查。老人被脱剩内衣，冻得浑身发抖。但保安未查到任何违规带出的商品。后警察来了，才叫老人穿上衣服。老人由于身患高血压，事发时正是超市销售高峰期，围观者众多，老人心悸、胸闷症状加重，后来在荆门市第二人民医院住院17天才脱离危险。2009年3月21日，荆门市东宝区人民法院判决商家向老人书面道歉，并赔偿精神抚慰金4000元。

3. 住宅不受侵犯

住宅是公民居住、生活以及保存私人财产的场所。我国《宪法》第39条规定："公民的住宅不受侵犯；禁止非法搜查或者非法侵入公民的住宅。"我国《刑法》和《治安管理处罚法》对非法侵犯公民住宅的犯罪和违法行为的处罚作了明确的规定。

公民住宅不受侵犯有以下含义：公民的住宅不得随意侵入；公民的住宅不得随意搜查；公民的住宅不得随意查封；公民的住宅不得随意破坏。

案例链接

2002年8月18日晚，陕西延安万花山派出所接到群众举报，称其辖区内一居民正在家中播放黄色录像。公安人员在没有合法的搜查手续的情况下，以看病为由进入张某住宅。由于他们虽身着警服但没佩警号、警帽，因而遭到张某夫妇拒绝。公安人员与张某夫妇发生肢体冲突，张某夫妇遭到殴打致伤。后公安人员以执行公务为由将张某夫妇带回了派出所。

（六）通信自由与通信秘密受法律保护

我国《宪法》第40条规定："中华人民共和国公民的通信自由和通信秘密受法律保护。除因国家安全或者调查刑事犯罪的需要，由公安机关或者检察机关依照法律规定的程序对通信进行检查外，任何组织或者个人不得以任何理由侵犯公民的通信自由和通信秘密。"

通信是公民参与社会生活、进行日常交往不可缺少的活动，对公民通信权的保护是保护人身自由的必然延伸。公民的通信自由与通信秘密，是指公民的通信包括书信、电报、电话、传真、电子邮件等，他人不得隐匿、毁弃和私阅、窃听。我国《刑法》第252条规定："隐匿、毁弃或者非法开拆他人信件，侵犯公民通信自由权利，情节严重的，处一年以下有期徒刑或者拘役。"

案例链接

涉嫌阻挠业委会成立，私自扣留业主信件，管理紫玉山庄别墅小区的北京集祥物业管理有限公司被业主许先生告上法庭。2010年12月2日朝阳法院开庭审理了此案。

该小区历经10余年都没有成立业主委员会。2010年7月，部分积极业主发起成立了临时筹备组，给全体业主发了一封挂号信，呼吁大家共同参与工作。然而一直到许先生10月12日起诉，没有一位业主收到挂号信，141封信全部被物业公司非法扣留。许先生作为发信人之一，要求物业公司将所扣信件退还，赔偿损失507.6元，并向原告和所有收信业主公开道歉，保证不再发生类似情况。法庭上，物业公司承认，他们和当地邮局签署过"妥投协议"，凡是紫玉山庄业主的邮件，都由他们代为签收。许先生拿出了40多位业主写的证明，表示根本没有收到这封信。他还指出，按照惯例，对于挂号信，代为签收单位是不会随便处理的，也需要收信人签字，许多单位的收发室都是这么做的。"显然物业公司的行为侵犯了宪法规定的公民享有通信自由的权利。"

（七）社会经济权

社会经济权是指公民依照宪法规定享有物质利益的权利，是公民实现其他权利的物质上的保障。我国《宪法》规定了以下内容：

1. 公民财产权

指公民个人通过劳动或其他合法方式取得财产和占有、使用、收益、处分财产的权利。范围包括合法收入、储蓄、房屋、其他合法财产，投资权、经营权、继承权也在其列。

2. 劳动权

指一切有劳动能力的公民有从事劳动并取得劳动报酬的权利。包括劳动就业权、取得报酬权。

3. 休息权

指劳动者休息和休养的权利。休息权是劳动力延续的条件，也是劳动者享受文化生活、自我提高的权利。

4. 社会保障权

指因社会危险处于保护状态的个人，为了维持人的有尊严的生活而向国家要求给付的请求权。社会保障是现代社会的安全阀，作为一种权利体系，包括生育保障权、疾病保障权、残疾保障权、死亡保障权与退休保障权等具体权利。

资料链接

按照党中央和国务院部署，从2015年1月1日起，将企业退休人员基本养老金再提高10%，预计将有近8000万退休人员受益。到2014年底，经过十年连调，企业退休人员基本养老金水平由2004年的月均647元提高到目前的2000多元。

同时，经国务院批准，全国城乡居民基本养老保险基础养老金最低标准提高至每人每月70元，即在原每人每月55元的基础上增加15元，提高待遇从2014年7月1日算起。这是我国首次统一提高全国城乡居民养老保险基础养老金最低标准，将惠及广大城乡老年居民和家庭。

此外，国务院决定，将对城乡居民基本医疗保险的财政补助标准再次提高60元，达到人均380元。个人缴费标准提高30元，达到人均120元。新增资金重点用于全面实施城乡居民大病保险。

（八）文化教育权

文化教育权是指公民在接受教育和从事文化活动中所享有的权利。对国家而言，文化教育状况表明了一个国家的文明与发达程度，是国家发展经济、提高综合国力的基础；对公民个人而言，文化教育状况表明了一个公民的综合素质与修养，是公民立足于社会、实现自我价值的基础。文化教育权包括以下内容：

1. 受教育权

所谓受教育权，是指公民享有从国家接受文化教育的机会和获得受教育的物质帮助的权利。我国《宪法》第 46 条规定："中华人民共和国公民有受教育的权利与义务。国家培养青年、少年、儿童在品德、智力、体质等方面全面发展。"

受教育权内容包括两个方面：一是公民均有上学接受教育的权利；二是国家提供教育设施，培养教师，为公民受教育创造必要机会和物质条件。如果一个人没有受教育的机会，无法上学，他就丧失了受教育权；如果缺乏教育的物质保障或法律保障，公民的受教育权也可能落空。

公民受教育的形式包括学前教育、初等教育、初级中等教育、职业教育、高等教育等。我国将初等教育和初级中等教育列为九年义务制教育。

🔍 案例链接

齐玉苓、陈晓琪均系山东省滕州市八中 1990 届初中毕业生。陈晓琪在 1990 年中专预考时成绩不合格，失去了升学考试资格。齐玉苓则通过了预选考试，并在中专统考中获得 441 分，超过了委培录取的分数线。随后，山东省济宁市商业学校发出录取齐玉苓为该校 1990 级财会专业委培生的通知书。但齐玉苓的录取通知书被陈晓琪领走，后者以齐玉苓的名义到济宁市商业学校报到就读。1993 年毕业后，陈继续以齐玉苓的名义到中国银行滕州市支行工作。1999 年 1 月 29 日，齐玉苓在得知陈晓琪冒用自己的姓名上学并就业的情况后，以陈晓琪及陈克政（陈晓琪之父）、滕州八中、济宁商校、滕州市教委为被告，向枣庄市中级人民法院提起民事诉讼，要求被告停止侵害，并赔偿经济损失和精神损失。此案后经最高人民法院反复研究，于 2001 年 8 月 13 明确指出：根据本案事实，陈晓琪等以侵犯姓名权的手段，侵犯了齐玉苓依据宪法规定所享有的受教育的基本权利，并造成了具体的损害后果，应承担相应的民事责任。

2. 文化权利

我国《宪法》第 47 条规定："中华人民共和国公民有进行科学研究、文学艺术创作和其他文化活动的自由。国家对于从事教育、科学、技术、文学、艺术和其他文化事业的公民的有益于人民的创造性工作，给予鼓励和帮助。"公民的文化权利具体包括：

（1）科学研究自由：公民有自由地对科学领域的问题进行探讨的权利，不允许非法干涉；公民有权通过各种形式发表自己的研究成果，国家有义务提供必要条件；国家应奖励和鼓励科研人员，保护科研成果。

（2）文艺创作自由：公民有权自由地从事文艺创作并发表成果。允许不同风格、不同流派存在，国家权力不得非法干涉文艺创作，作出限制时应注意合理界限。

（3）其他文化活动自由：指观赏、欣赏、享用文化作品和从事各种娱乐活动。

知识链接

国家科学技术奖

为奖励在科技进步活动中作出突出贡献的公民、组织，国务院于 2000 年设立了五项国家科学技术奖：国家最高科学技术奖、国家自然科学奖、国家技术发明奖、国家科学技术进步奖和中华人民共和国国际科学技术合作奖。

国家最高科学技术奖报请国家主席签署并颁发证书和奖金。奖金数额由国务院规定。获奖者的奖金额为 500 万元人民币。

（九）特定主体的权利

1. 保护婚姻、家庭、母亲和儿童

《宪法》第 49 条规定："婚姻、家庭、母亲和儿童受国家的保护。""禁止破坏婚姻自由。"婚姻是法律上确认的夫妻关系。宪法和法律所保护的婚姻关系是指经依法登记，在法律上确定为夫妻的婚姻关系。家庭是指由婚姻、血统或收养关系而产生的亲属间的生活共同体。

知识链接

目前，我国已经形成了一个保护未成年人的法律系统。从法律渊源的角度，可将这些规定分为几大类：

1. 宪法的有关规定。在未成年人保护方面，我国宪法有两个原则性条款。第 46 条第 2 款：国家培养青少年、少年、儿童在品德、智力、体质等方面全面发展；第 49 条第 1 款：婚姻、家庭、母亲和儿童受国家的保护。

2. 全国人大及其常委会颁布的法律。主要有《未成年人保护法》《预防未成年人犯罪法》《婚姻法》《收养法》《妇女权益保障法》《义务教育法》等。

3. 国务院以及国务院下属各部委发布的其内容直接涉及未成年人保护的有关行政法规及部门规章。主要有《禁止使用童工的规定》《电影管理条例》《音像制品管理条例》《关于减轻中小学生课业负担过重问题的若干规定》《公安部关于出版少年儿童读物的若干规定》《文化部、公安部关于加强台球、电子游戏机娱乐活动管理的通知》等。

2. 保护华侨、归侨和侨眷的正当权利

华侨是指侨居在国外的中国公民，归侨是指回国定居的华侨，侨眷是指在国外居住的华侨在国内的亲属。《宪法》第 50 条规定："中华人民共和国保护华侨的正当的权利和利益，保护归侨和侨眷的合法的权利和利益。"

3. 在中国境内的外国人的合法权利受保护

《宪法》第32条规定："中华人民共和国保护在中国境内的外国人的合法权利和利益。"同时，宪法要求在中国境内的外国人必须遵守中华人民共和国的法律。《宪法》还规定："中华人民共和国对于因为政治原因要求避难的外国人，可以给予受庇护的权利。"

二、公民的基本义务

（一）维护国家统一与民族团结

我国《宪法》第52条规定："中华人民共和国公民有维护国家统一和全国各民族团结的义务。"国家统一与民族团结是国家繁荣、民族昌盛的重要标志。只有国力强盛，国家才有实力保障公民充分享有各项基本权利和自由，因此任何公民都负有这项义务。

维护国家统一，是指维护国家的主权独立和领土完整。领土与国家主权密不可分，国家在领土上的主权是排他的，对领土的侵犯就意味着对国家主权的侵犯。

民族问题关系到国家的统一与稳定，民族分裂必然导致国家分裂，民族团结是民族和国家繁荣的基本保证。国家通过民族区域自治制度确保少数民族充分享有自主管理本民族地方性事务的权利，为实现我国的民族团结创造了条件。我国《宪法》规定公民有维护全国各民族团结的义务，因此任何人不得以任何形式破坏民族团结。

（二）维护祖国的安全、荣誉和利益

我国《宪法》第54条规定："中华人民共和国公民有维护祖国安全、荣誉和利益的义务，不得有危害祖国的安全、荣誉和利益的行为。"本条规定以命令性规范和禁止性规范两种法律规范反复确认了公民的同一项义务，突出强调公民维护祖国安全、荣誉和利益义务的重要性。

1. 维护祖国的安全

祖国安全是指国家主权和领土完整不受威胁，是保证国家统一和安定的基础。《宪法》确认公民负有维护祖国安全的义务，这就要求公民提高警惕，同一切危害国家安全的行为作斗争。我国的《国家安全法》对此作了具体的规定。

🔍 **案例链接**

林某、蔡某两位适龄青年于2010年10月28日参加新度镇征兵初检，符合征兵条件。但他们害怕到部队吃苦，便想方设法逃避征集。当他们听说部队不要纹

身的，便在次日分别找人在自己身体的前胸、右上臂等部位纹上各种图案。为了严肃法纪，眉州市荔城区人民政府根据《征兵工作条例》的有关规定，在对林某、蔡某进行严肃的思想教育的同时，依法进行了从严处理。

2. 维护祖国的荣誉

祖国荣誉是指国家在世界上享有的良好声誉。维护祖国荣誉是公民爱国主义情感的具体表现，也是民族自尊心和国家自豪感的具体表现。《宪法》确认公民负有维护祖国荣誉的义务，因此公民在社会生活中应当维护民族气节，坚决制止一切丧失国格、败坏祖国荣誉的行为。1997年我国颁布的《国防法》，进一步明确了公民这一基本义务。

案例链接

北京学生梁帆，应联合国儿童基金会的邀请，去荷兰参加会议。一进会场，只见宾馆门前的旗杆上，几十面色彩缤纷的各国国旗迎风招展，但没有看到我国的五星红旗。他震惊了，立即找到会议的组织人员说："一定要升起中华人民共和国的国旗，因为我在这儿！"梁帆的庄严声明受到重视，五星红旗终于飘扬在宾馆门前的旗杆上。梁帆也受到了外国人的敬佩，被称赞为"合格的中华人民共和国的代表"。

3. 维护祖国的利益

祖国利益是人民利益的代表，对内对外均具有最高性。公民负有维护祖国利益的义务，这就要求公民正确处理国家、集体、个人之间的关系，同一切损害国家利益的行为进行斗争。

（三）遵守宪法和法律

我国《宪法》第53条规定："中华人民共和国公民必须遵守宪法和法律，保守国家秘密，爱护公共财产，遵守劳动纪律，遵守公共秩序，尊重社会公德。"

遵守宪法和法律是公民最基本和最起码的义务。保守国家秘密，爱护公共财产，遵守劳动纪律，遵守公共秩序，尊重社会公德，是公民遵守宪法和法律义务在不同社会领域的具体表现。

1. 遵守宪法和法律

我国《宪法》"序言"规定，宪法是国家的根本大法，具有最高的法律效力。全国各族人民、一切国家机关和武装力量、各政党和各社会团体、各企业事业组织，都必须以宪法为根本的活动准则，并且负有维护宪法尊严、保证宪法实施的职责。其他法律以宪法作为立法的基础和依据，是宪法的具体化。宪法和法律是我国人民根本利益和意志的集中体现。依法治国，建设社会主义法治国家，是我国的基本治国方略。这就要求所有公民必须毫无例外地遵守宪法和法律，一切违反宪法和法律的行为必须予以追究。公民的遵守宪法和法律的义务，是公民基本义务体系的基础和核心。

2. 保守国家秘密

国家秘密，是指关系国家安全和利益，依法尚未公布或不准公布，只限一定时间和一定范围知悉的事项。泄露国家秘密必然会给国家和社会造成重大损失，侵害人民的根本利益，因此《宪法》规定公民负有保守国家秘密的义务。我国1988年颁布、2010年修改的《保守国家秘密法》对于公民的这一宪法义务作了更加具体的规定。

3. 爱护公共财产

公共财产是指全民所有制财产和集体所有制财产。《宪法》第12条规定："社会主义的公共财产神圣不可侵犯。国家保护社会主义的公共财产。禁止任何组织或者个人用任何手段侵占或者破坏国家的和集体的财产。"我国是社会主义国家，公有制经济是国家的经济命脉，是国家得以不断发展的基础和公民切实享有各项权利、自由的物质保证，与国家利益和人民利益息息相关。因此，每个公民都有义务爱护公共财产。

案例链接

苗某、昌某均为安徽省合肥市某中学学生。两人由于受社会不良风气影响，学会吸烟和赌钱，经常旷课。2004年秋的一天，两人又想赌钱，但手头又没有钱，于是两个人一商量，乘天黑没有人注意，把马路上的下水井盖搬走，拿去卖废铁。苗、昌二人一连干了三个晚上，砸破了六个下水井盖子，后来被人发现抓获。

4. 遵守劳动纪律

劳动纪律是指劳动者进行生产和工作时，必须共同遵守的劳动规则、工作制度和操作规程，是保证劳动者人身安全、提高劳动效率和维护社会化大生产的正常秩序不可缺少的基本手段。《宪法》规定公民负有遵守劳动纪律的义务，对于国民经济发展和社会秩序的稳定具有重要意义。

5. 遵守公共秩序

公共秩序是指由国家法律规定的人们在社会生活中共同形成的基本准则，包括生活秩序、生产秩序、工作秩序和学习秩序等。良好的公共秩序是国家和社会稳定发展、人民群众日常生活正常进行的基本条件，因此《宪法》要求每一个公民都负有遵守公共秩序的义务。对于严重扰乱公共秩序的行为，依据《治安管理处罚法》和《刑法》的有关规定予以行政处罚或者刑事处罚。

6. 尊重社会公德

社会公德是指社会公共道德，即人们在社会生活中应当遵守的基本道德标准。在我国，社会公德的核心内容是爱祖国、爱人民、爱劳动、爱科学、爱社会主义。社会公德作为一种道德，其力量一般来源于社会舆论、信念、习惯、传统和教育等，而不依靠国家的强制力量。我国《宪法》明确规定尊重社会公德是公民的一项基本义务，无疑将社会公德的效力提高了一个层次，这表明社会公德在我国不仅具有道德意义，同时也具有法律意义。

案例链接

据《北京青年报》报道，2002年国庆长假后，40万平方米的天安门广场中竟有60万块口香糖残渣，除去纪念碑、纪念堂的面积，平均每平方米有5块口香糖残渣。清洁工人需要铲30下、刷100次才能清除一块口香糖残渣。据推算，清除一块口香糖至少需花费1.1元。很多人都没有注意到低头蹲在他们身边的清洁工人到底在做些什么。而在得到记者的提示以后，人们大都表示非常惊讶，因为他们从来没有意识到天安门广场上会有如此多的口香糖"污点"。

第三节　国家根本制度与国家机构

一、国家根本制度

（一）我国的根本经济制度

《宪法》第6条规定了我国的经济制度和分配制度："国家在社会主义初级阶段，坚持公有制为主体、多种所有制共同发展的基本经济制度，坚持按劳分配为主体、多种分配方式并存的分配制度。"

1. 以公有制为主体，是我国社会主义的根本经济特征

公有制的形式包括：

（1）国有经济。即社会全体劳动者共同占有生产资料（以国家所有的形式存在）的公有制形式。国有经济是我国国民经济的支柱，在国民经济中起主导作用，是社会主

义公有制经济的重要组成部分。对发挥公有制的主体作用具有重大意义，对实现共同富裕具有重要作用，对于发挥社会主义制度的优越性，增强我国的经济实力、国防实力和民族凝聚力，提高我国的国际地位，具有关键作用。

（2）集体经济。即由部分劳动者共同占有生产资料的一种公有制经济，是我国农村的主要经济形式，是社会主义公有制经济的重要组成部分。

（3）混合所有制经济。即不同所有制经济按照一定的原则实行联合生产或经营的经济形式。混合所有制经济中的国有成分和集体成分，都是公有制经济的重要组成部分。随着社会主义市场经济的发展、投资主体的多元化，混合所有制经济在我国将进一步发展。

2. 非公有制经济是我国经济的重要补充

非公有制的形式包括：

（1）个体经济。即由劳动者个人或家庭占有生产资料。其作用在于利用分散的资源发展商品生产，促进商品流通，扩大社会服务，方便人民生活，增加就业。

（2）私营经济。即以生产资料私有和雇佣劳动为基础。其作用在于集中和利用一部分私人资金，为发展生产和满足人民生活需要服务；吸收劳动者就业，增加劳动者个人收入和国家税收。

（3）外资经济。即外商投资者在我国大陆设立的独资企业以及中外合资企业、中外合作经营企业中的外商投资部分。外资经济有利于引进境外的资金和先进技术，学习境外的先进管理经验。

案例链接

中学生张丽周末回到家中，刚进屋，一家亲戚就围坐在一起，畅谈幸福生活……

爸爸："我在村上开的小旅馆规模又扩大了，请了18个员工，国庆节之前就有旅客用电话预订房间了。"妈妈："我们那个果汁原料加工厂是乡镇企业，特别注重科技研发，厂里还经常组织我们外出学习。今年又引进了一套先进生产流水线，光是税收就上缴了30万元。"表哥王强："我们铁路运输部门每到逢年过节就特别忙碌。瞧，国庆节没过完我就得赶回去上班了。"表姐王芳："我自己开的油茶店生意好得不得了，有时候客人来晚了还找不到座位。"

分析张丽一家从事的各个行业，从中大致可以反映出我国有国有经济、集体经济、私营经济、个体经济等经济成分。

这些形形色色的经济成分在我国经济发展中互相竞争、互相促进、共同发展，极大地促进了我国经济的繁荣和发展，构成了我国现阶段的基本经济制度。

（二）我国的根本政治制度

我国《宪法》第2条规定："中华人民共和国的一切权力属于人民。""人民行使国家权力的机关是全国人民代表大会和地方各级人民代表大会。"人民代表大会制度是我国的根本政治制度，是实现我国人民当家做主的最好形式。

1. 人民代表大会制度的内容

（1）国家的一切权力属于人民。

（2）人民通过民主选举选出代表，组成各级人民代表大会作为国家权力机关。

（3）由国家权力机关产生其他国家机关，依法行使各自的职权。

（4）实行民主集中制的组织和活动原则等。

2. 人大代表的产生方式

（1）区、县级和乡镇的人民代表由选民直接选举产生，任期5年。

（2）全国、省、自治区、直辖市、设区的市的人民代表由下一级人民代表大会选出，即间接选举产生，代表任期5年。

3. 人大代表的权利

（1）审议权。指人大代表在本级人大会议期间，对列入本次会议议程的各项议案进行审查和讨论并发表意见，表明态度，提出建议、批评和意见的权利。

（2）表决权。指人大代表在本级人大会议上，对列入大会审议的各项议案包括对确定的候选人表示赞成或者反对或者弃权的一种决定的权利。

（3）提名权。指县级以上地方各级人大代表有依法联名推荐上一级人大代表候选人，书面联名提出本级国家机关组成人员、领导人员的候选人的权利。

（4）选举权。指人大代表依法选举决定本级国家机关领导人员、组成人员、上一级人大代表（县级以上）的权利。

（5）质询权。指人大代表依照有关法律规定，对本级人民政府及其所属工作部门、本级人民法院、人民检察院提出质询并要求必须予以答复的权利。

（6）提出罢免案权。指人大代表依照法律规定提出罢免国家机关领导人员和组成人员职务议案的权利。

（7）发言表决免究权。指人大代表在人大各种会议上的发言、表决不受法律追究的权利。

（8）人身特别保护权。指人大代表享有非经特别许可不受逮捕或审判及其他限制人身自由的权利。代表法规定，县级以上的各级人大代表，非经本级人大主席团许可，在人大会议闭会期间，非经本级人大常委会许可，不受逮捕或者刑事审判。

资料链接

2015年3月15日上午，第十二届全国人民代表大会第三次会议在人民大会堂举行闭幕会。

会议表决通过了《第十二届全国人民代表大会第三次会议关于政府工作报告的决议（草案）》。赞成 2852 票，反对 18 票，弃权 6 票。

会议表决通过了《第十二届全国人民代表大会第三次会议关于最高人民检察院工作报告的决议（草案）》。赞成 2529 票，反对 284 票，弃权 61 票。

会议表决通过了《第十二届全国人民代表大会第三次会议关于最高人民法院工作报告的决议（草案）》。赞成 2619 票，反对 213 票，弃权 44 票。

4. 人大代表的义务

（1）积极参加人民代表大会会议，依法行使代表职权。

（2）模范地遵守宪法和法律，保守国家机密，在自己参加的生产、工作和社会活动中，协助宪法和法律的实施。

（3）同原选区选民或原选举单位的人民群众保持密切联系，听取和反映他们的意见和要求，努力为人民服务。

（4）接受原选区选民或原选举单位的监督，并回答他们对代表工作和代表活动提出的问题。

案例链接

每周二下午4时，北京外国语大学内，是北京市人大代表吴青接待人民来访的日子。其场景如在医院看门诊。"下一个。"吴青喊。"吴代表！"——十几位失地农民向吴青反映当地政府征地有失公允，使他们利益受到侵害。吴青问："你们根据什么这么说？"失地农民说："我们根据《征地公告办法》中的规定……"吴青说："好。你们回去给我写信，按法规条文证明你们是受侵害的，我将向有关部门反映。"之后，吴青用欣赏的口吻赞叹："你们懂得用法律维护权益，好！"

吴青当人民代表22年，其间民生带有时代特征，如近年多为土地纠纷、房产纠纷。她说自己处理问题过程亦是普法过程，她乐意做法律觉醒者的点火人。她习惯提醒当事人阅读《宪法》第33条至第56条："23条涉及公民的基本权利和义务，回去好好看。"

二、我国国家机构

（一）全国人民代表大会

全国人民代表大会是国家最高权力机关，在我国国家机构体系中居于首要地位，其他任何国家机关都不能超越于全国人大之上，也不能和它相并列。根据宪法规定，全国人民代表大会行使下列职权：

（1）修改宪法、监督宪法实施。宪法是国家的根本大法，它的修改举足轻重，这个权力只能由全国人大行使。

（2）制定和修改基本法律。基本法律是以宪法为根据的由全国人大制定的最重要的法律，包括刑法、刑事诉讼法、民法、民事诉讼法，组织法、选举法、民族区域自治法、特别行政区基本法，等等。

（3）选举、决定和罢免国家机关的重要领导人。全国人大有权选举全国人大常委会委员长、副委员长、秘书长和委员，选举中华人民共和国主席、副主席，中央军事委员会主席，最高人民法院院长，最高人民检察院检察长。

（4）决定国家重大问题。全国人大有权审查和批准国民经济和社会发展计划以及计划执行情况的报告；审查和批准国家预算和预算执行情况的报告；批准省、自治区和直辖市的建置；决定特别行政区的设立及其制度；决定战争与和平问题，等等。

（5）最高监督权。全国人大有权监督由其产生的国家机关的工作。全国人大常委会、国务院、最高人民法院和最高人民检察院必须对全国人大负责并报告工作。

（6）其他应当由它行使的职权。现行宪法规定，全国人大有权行使"应当由最高国家权力机关行使的其他职权"。

资料链接

1992年4月3日，第七届全国人民代表大会第五次会议审议了国务院关于提请审议兴建长江三峡工程议案，并根据全国人民代表大会财政经济委员会的审查报告，决定批准将兴建长江三峡工程列入国民经济和社会发展十年规划，由国务院根据国民经济发展的实际情况和国家财力、物力的可能，选择适当时机组织实施。对已发现的问题要继续研究，妥善解决。当时出席会议的代表2633人。对这一个议案的表决结果是1767票赞成，177票反对，664票弃权，25人未按表决器。赞成票占多数，万里委员长宣布：议案通过。全国人大常委会法律委员会副主任委员顾明感慨万端：半个世纪的研究和论证，今天终于拍板。

（二）国家主席

国家主席是我国重要的国家机构，我国国家主席对外代表中华人民共和国，代表国家接受外国驻华大使递交的国书，接待外国国家元首来访。

中华人民共和国主席行使下列职权：

（1）公布法律权。全国人民代表大会及其常务委员会通过的各项法律由国家主席颁布才能实施。

（2）发布命令权。国家主席根据全国人大常委会的决定授予国家的勋章和荣誉称号。

（3）外事权。国家主席代表中华人民共和国，接受外国使节，根据全国人民代表大会及常务委员会决定，派遣和召回驻外全权代表，批准或废除同外国缔结的条约和重要决定。

资料链接

国家主席公布法律

中华人民共和国主席令

第十四号

《全国人民代表大会常务委员会关于修改〈中华人民共和国保险法〉等五部法律的决定》已由中华人民共和国第十二届全国人民代表大会常务委员会第十次会议于 2014 年 8 月 31 日通过，现予公布，自公布之日起施行。

中华人民共和国主席习近平

2014 年 8 月 31 日

（三）中央军事委员会

中央军事委员会是我国最高军事领导机关。中央军事委员会主席由全国人民代表大会选举产生，对全国人民代表大会及其常务委员会负责。

中央军事委员会的职权是：领导全国武装力量，包括中国人民解放军、武装警察部队、民兵。保卫国家主权和领土完整，保护国家安全，防御外敌侵略以及国内敌对势力和敌对分子的颠覆活动。保卫祖国和社会主义现代化建设。

知识链接

强大的国防——中国人民解放军三军兵力简介

中国人民解放军陆军主要担负陆地作战任务，包括机动作战部队、边海防部队、警卫警备部队等。陆军机动作战部队包括 18 个集团军和部分独立合成作战师（旅），现役兵力约 85 万人。集团军分别隶属于 7 个军区。

中国人民解放军海军以舰艇部队和海军航空兵为主体，其主要任务是独立或协同陆军、空军防御敌人从海上的入侵，保卫领海主权，维护海洋权益。现役兵力约 23 万人。

中国人民解放军空军的主要任务是担负国土防空，支援陆、海军作战，对敌后方实施空袭，进行空运和航空侦察。由航空兵、地空导弹兵、高射炮兵、雷达兵、空降兵、电子对抗兵、气象兵等多兵种合成，现役兵力约 42 万人。

（四）国务院及地方各级人民政府

地方各级人民政府是国家权力机关的执行机关，是行政机关。国务院是国家最高行政机关。行政机关职能包括：

（1）政治职能。亦称统治职能。政治职能是指政府为维护国家统治阶级的利益，对外保护国家安全，对内维持社会秩序的职能。政府主要有四大政治职能：军事保卫职能、外交职能、治安职能、民主政治建设职能。

（2）经济职能。经济职能是指政府为国家经济的发展，对社会经济生活进行管理的职能。随着中国由计划经济体制向社会主义市场经济体制转变，政府主要有三大经济职能：宏观调控职能、提供公共产品和服务职能、市场监管职能。

（3）文化职能。文化职能是指政府为满足人民日益增长的文化生活的需要，依法对文化事业所实施的管理。政府有四大文化职能：发展科学技术的职能、发展教育的职能、发展文化事业的职能、发展卫生体育的职能。

（4）社会公共服务职能。即指除政治、经济、文化职能以外政府必须承担的其他职能。

案例链接

国务院实施棚户区改造工程

"拆迁没多久就搬进楼里了，才花了 1 万元。" 55 岁的何淑英，2014 年 1 月搬进包头市北梁新区北六区一套 45 平方米的大一居。夫妻俩对屋子哪儿都满意，唯一不习惯的就是暖气。"以前住平房漏风，晚上冻得脑袋疼，根本没法睡觉。现在烧上暖气暖和了，反倒不适应了，总敞着门窗通风。"

北梁，全国最大的城市集中连片棚户区，过去两年累计拆迁房屋 5.36 万户，相当于一年拆掉一个中等县城。如此大规模的拆迁，居民与棚改工作组间却从没发生过冲突，"先安置，后拆迁"是公认的法宝。

"北梁棚改突出让利于民，先安置，后拆迁，统筹兼顾就业，确保搬迁群众在经济上获利，在过程中乐意，在结果上满意。"包头市副市长高志勇介绍，除了对保障房进行装修确保居民拎包入住，居民在周转过渡期既可以选择入住政府提供的过渡房源，也可以按每月600元的标准领取过渡租房补贴，同时还享受搬家、冬季取暖、冬菜存储等一系列补贴。

2014年8月4日，国务院办公厅对外发布《关于进一步加强棚户区改造工作的通知》，要求各地区、各有关部门进一步加大棚户区改造工作力度，力争超额完成2014年目标任务，并提前谋划2015—2017年棚户区改造工作。

（五）人民法院

人民法院是我国专门行使国家审判权的机关，有依法对刑事案件、民事案件、行政案件和其他案件独立审理并判决的能力。人民法院依法独立行使审判权，不受行政机关、社会团体和个人的干涉。

各级人民法院的基本职能是：通过行使审判权，惩办一切犯罪分子，解决民事纠纷、经济纠纷，维护和监督行政机关依法行使行政职权，维护社会秩序，保护社会主义公有财产，保护公民私人合法财产和其他各项合法权利，从而保证社会主义现代化顺利进行。

资料链接

从数字看人民法院的职能

最高人民法院院长周强在十三届全国人大第三次会议上作的工作报告中提到，全国法院在2014年共审结一审刑事案件102.3万件，判处罪犯118.4万人，同比分别上升7.2%和2.2%。各级法院审结一审商事案件278.2万件，同比上升8.5%。各级法院审结一审民事案件522.8万件，同比上升5.7%。各级法院审结国家赔偿案件2708件，决定赔偿金额1.1亿元。完善刑事被害人救助制度。为当事人减免诉讼费1.8亿元。

（六）人民检察院

人民检察院是国家法律监督机关，有侦查权、监督权、抗诉权、申诉权。人民检察院由最高人民检察院与各级人民检察院构成。

资料链接

从数字看人民检察院的职能

最高人民检察院检察长曹建明在十三届全国人大第三次会议上作的工作报告中提到，2014年全国检察机关严肃查办各类职务犯罪案件41487件55101人，人数同比上升7.4%。依法办理周永康、徐才厚、蒋洁敏、李东生、李崇禧、金道铭、姚木根等28名省部级以上干部犯罪案件。查办县处级以上国家工作人员4040人，同比上升40.7%，其中厅局级以上干部589人。批准逮捕各类刑事犯罪嫌疑人879615人，同比下降0.02%，提起公诉1391225人，同比上升5%。强化刑事诉讼监督，对认为确有错误的刑事裁判提出抗诉7146件。对4021名涉嫌轻微犯罪但有悔罪表现的未成年人，决定附条件不起诉。对不需要继续羁押的33495名犯罪嫌疑人建议释放或变更强制措施。

体验与践行

一、以下领导的意见或做法哪些违反了《宪法》的规定？

1. 某县为大力发展科技，请市政府选派1名博士挂职担任科技副县长。有人提出，副县长应当通过人大选举。市长答复，县长需要选举产生，而副县长可以由上级任命。

2. 某县刚被确定为民族自治县，市长指示，根据《民族区域自治法》的规定，县法院和县检察院的院长和检察长应当更换为自治民族公民。

3. 某县地域宽广，为了便于经济建设和行政管理，县政府请示市政府：拟设5个区公所，分别管辖所属的30多个乡镇。市长答复，此事经县人大通过即可。

4. 市长指示：为了提高村民委员会整体素质，市里抽调一批应届高校毕业生担任村民委员会主任或副主任。

二、李明上学期间刻苦学习，关心集体，多次被评为"三好学生"。中学毕业后，他应征入伍，在部队他刻苦训练，对工作认真负责，曾荣立三等功一次。复员后，他积极参加地方建设，业绩突出，担任部门负责人。在区人大换届选举时，他当选为区人大代表。在家里，他尊重父母、孝敬老人，培养教育子女，他的家庭被评为"五好家庭"。

问题：李明享有了哪些权利？履行了哪些义务？

三、同学们来到新的学校已经生活学习了一段时间，对学校在各方面的管理如宿舍住宿、食堂就餐、图书借阅、学习组织等已有所了解。你认为学校在管理学生生活、学习方面还有哪些需要改善的地方？请以自己的名义给学院院长写一封建议书。

四、我国三峡工程建设涉及大量移民工作，1992年4月，七届全国人大五次会议通过了三峡工程议案，并对工程移民工作作出原则规定。此后国务院及地方政府通过了一系列行政性法规，根据相关法律法规，当地有关部门组织了宣传教育和移民动迁，各级司法机关先后查处了侵蚀移民资金案件100多起，从而保证了三峡工程建设的顺利进行。

问题：结合三峡工程建设的移民工作，分析国家机关之间是如何分工协作的。

依法公正处理民事关系

学习目标

1. 了解民法调整的法律关系，理解民法的基本原则，明确民事主体的资格；

2. 掌握民事权利的种类和民事法律行为应具备的要件；

3. 了解合同的订立程序，掌握合同应具备的主要条款；

4. 了解结婚的条件、程序和家庭关系，了解遗产继承方式；

5. 了解民事责任的归属原则、承担民事责任的方式以及诉讼时效的基本知识。

案例导入

为方便 15 岁的初三学生小张上下学，父亲老张花了 6000 多元为其买了一辆高级电动自行车。由于迷恋上网，消费过大，小张先后向多个同学借款。为了偿还借款，小张不得已将电动自行车以 2000 元的价格卖给了刘某。老张发现小张不骑车上学，经追问才知道小张已将该车卖给了刘某。于是，老张找到刘某，提出小张的卖车行为无效，要求刘某将车返还。刘某认为，买卖电动自行车是双方自愿，且价格公平合理，买卖有效。为此，老张与刘某发生纠纷。

思考

1. 案例中的小张有能力进行这样的买卖活动吗？

2. 小张与刘某进行的买卖活动合法有效吗？

第一节　民法概述

民法是整个法律体系中的一个独立的法律部门，是基本法之一。在现实生活中，民法与人们的关系最为密切。随着市场经济的发展，作为调整平等主体之间权利和义务关系的民法，必然在社会生活中处于举足轻重的地位。学习民法基础知识，了

> **名人名言**
>
> 在民法慈母般的眼神中，每个人就是整个国家。
> ——［法］孟德斯鸠

解与自然人切身利益相关的我国民法的基本内容，明确民事主体享有的民事权利，对于青少年自觉依法进行民事活动，提高保护自身合法民事权益的能力具有重要意义。

一、民法的概念及其调整对象

（一）民法的概念

民法是我国法律体系中的重要的法律部门之一，它是调整平等主体的自然人之间、法人之间、非法人组织之间以及他们相互之间的财产关系和人身关系的法律规范的总称。民法包括民法典，各种民事单行法律、法规、条例，如合同法、婚姻法、继承法、收养法、专利法、商标法、著作权法、侵权责任法等，以及其他法律中的有关民事条款，涉及民事关系的方方面面。

知识链接

> **民法典**
>
> 民法典是按照一定的体例，系统地把民法的各项制度编纂在一起的法律文件。从建立和完善我国社会主义市场经济法律体系的需要出发，我国应当制定和颁布民法典。
>
> 2014年10月中共中央所作出的《中共中央关于全面推进依法治国若干重大问题的决定》规定："加强市场法律制度建设，编纂民法典。"

（二）民法的调整对象

民法就其调整对象来说，就是调整平等主体之间的财产关系和人身关系。

财产关系，是以财产为客体，具有直接经济内容的社会关系，它是一类十分重要、广泛、复杂的社会关系。我国民法所调整的财产关系，是指人们在占有、支配、交换和分配物质财富过程中形成的，具有经济内容的社会关系。

人身关系，又称人身非财产关系，是指与特定的人身不可分离，不具有直接经济内容的社会关系。它是基于一定的人格和身份而产生的，包括人格关系和身份关系。人身关系虽然没有直接的经济内容，但与财产关系联系密切，往往是财产关系产生的前提。

二、我国民法的基本原则

民法的基本原则是民事立法、民事司法和民事活动的基本准则，是民法的精神实质所在。根据 2017 年 3 月 15 日第十二届全国人民代表大会第五次会议通过的《中华人民共和国民法总则》（以下简称《民法总则》）的规定，我国民法的基本原则包括：民事合法权益受法律保护原则，平等原则，意思自治原则，公平原则，诚实信用原则，公序良俗原则，绿色原则。其中，平等原则是民法的核心原则，是民法的最高规则，是贯彻其他民法原则的前提条件。上述这些基本原则互相联系、互相制约，从不同的方面发挥着指导我国民事活动的作用。必须正确认识和学会运用这些原则，处理各种民事关系，维护自身合法权益。

三、民事主体

民事主体即民事法律关系的主体，是指参加民事法律关系的人。在我国，民事主体是非常广泛的，它不仅包括自然人，还包括法人以及其他可以享受民事权利、承担民事义务的非法人组织和国家。不管什么民事主体，只要进行民事活动，都应具备相应的法律资格。

（一）自然人

自然人是指依自然规律出生，具有自然生命，区别于其他动物的人。自然人是基于出生而取得民事主体资格的人。自然人是我国民事法律关系的重要主体，是民事权利和民事义务的广泛享有者和承担者。民法上的自然人与公民不完全相同。公民是指具有中华人民共和国国籍的人。自然人是指活着的有生命的人。自然人的概念外延大于公民的概念外延。凡是我国公民都是自然人，但自然人并不一定都是我国公民，自然人包括我国公民、在我国的外国人和无国籍人。外国人和无国籍人可以在我国境内进行民事活动，成为我国民事主体。

作为民事法律关系主体的自然人一般应具有民事权利能力和民事行为能力。

1. 自然人的民事权利能力

自然人的民事权利能力，是指法律赋予自然人享有民事权利和承担民事义务的资格。它是自然人参加民事活动的前提条件。

根据《民法总则》的规定，自然人的民事权利能力始于出生，终于死亡。自然人从出生的那一刻起，就具有了民事权利能力，就有资格享有民事权利、承担民事义务。自然人的民事权利能力因死亡而终止。

2. 自然人的民事行为能力

自然人的民事行为能力，是指自然人以自己的行为进行民事活动，取得民事权利、履行民事义务和承担民事责任的资格。它不仅是实施法律行为的能力，也包括对违法行为承担责任的能力。

我国《民法总则》以公民的认识能力和判断能力为依据，以年龄、智力和精神健康状态为条件，把自然人的民事行为能力分为三种：

（1）完全民事行为能力。完全民事行为能力是指能够通过自己的独立的行为进行民事活动的能力。我国《民法总则》规定，十八周岁以上的自然人是成年人，具有完全民事行为能力，可以独立进行民事活动，是完全民事行为能力人。十六周岁以上不满十八周岁的自然人，以自己的劳动收入为主要生活来源的，视为完全民事行为能力人。

（2）限制民事行为能力。限制民事行为能力是指在一定范围内享有民事行为能力，超出该范围就不具有相应的民事行为能力。我国《民法总则》规定，八周岁以上不满十八周岁的未成年人和不能完全辨认自己行为的精神病人是限制民事行为能力人，他们可以进行与自己的年龄、智力或者精神状态相适应的民事活动，其他民事活动由其法定代理人代理，或者征得他的法定代理人的同意、追认。

（3）无民事行为能力。无民事行为能力是指不具有以自己的行为进行民事活动的能力。我国《民法总则》规定，不满八周岁的未成年人和不能辨认自己行为的精神病人是无民事行为能力人，他们均由其法定代理人代理民事活动。

3. 监护

为了保护无民事行为能力人和限制民事行为能力人的合法权益，我国《民法总则》专门规定了监护制度。

我国《民法总则》规定：未成年人的监护人是其父母，如果未成年人的父母已经死亡或者没有监护能力的，则由下列人员中有监护能力的人担任监护人：（1）祖父母、外祖父母；（2）兄、姐；（3）其他愿意担任监护人的个人或者组织，但是须经未成年人住所地的居民委员会、村民委员会或者民政部门同意。

无民事行为能力或者限制民事行为能力的精神病人，由下列有监护能力的人按顺序担任监护人：（1）配偶；（2）父母、子女；（3）其他近亲属；（4）其他愿意担任监护人的个人或者组织，但是须经被监护人住所地的居民委员会、村民委员会或者民政部门同意。

被监护人的父母担任监护人的，可以通过遗嘱指定监护人。依法具有监护资格的人之间可以协议确定监护人。被监护人住所地的居民委员会、村民委员会或者民政部门按照最有利于被监护人的原则可为其指定监护人。在被监护人的人身权利、财产权利以及其他合法权益处于无人保护状态下，由被监护人住所地的居民委员会、村民委员会、法律规定的有关组织或者民政部门担任临时监护人。没有依法具有监护资格的人的，监护人由民政部门担任，也可以由具备履行监护职责条件的被监护人住所地的居民委员会、村民委员会担任。具有完全民事行为能力的成年人，可以以书面形式确定自己的监护人。

监护人的职责是代理被监护人实施民事法律行为，保护被监护人的人身权利、财产权利以及其他合法权益等。监护人依法履行监护职责产生的权利，受法律保护。监护人应当按照最有利于被监护人的原则履行监护职责。监护人除为维护被监护人利益外，不得处分被监护人的财产。监护人不履行监护职责或者侵害被监护人合法权益的，应当承担法律责任。

4. 个体工商户、农村承包经营户

个体工商户和农村承包经营户是我国自然人作为民事主体的一种特殊形式。他们除具有一般自然人的民事行为能力之外，还具有从事生产、经营活动的特殊行为能力。

个体工商户，是指在法律允许的范围内，依法经核准登记，从事工商经营活动的自然人或家庭。

根据法律规定，在我国有经营能力的城镇待业人员、农村村民以及国家政策允许的其他人员，可以申请从事个体工商业经营。个体工商户，可以个人经营，也可以家庭经营。个体工商户可以在国家法律和政策允许范围内，经营手工业、交通运输业、商业、饮食业、服务业、修理业及其他行业。

申请从事个体工商业经营的个人或者家庭，应当持所在地户籍证明及其他有关证明，向所在地县级工商行政管理机关申请登记，经县级工商行政管理机关核准领取营业执照后，方可营业。个体工商户可以起字号。

农村承包经营户，是指在法律允许的范围内，按照承包合同规定从事生产经营的农村集体经济组织的成员或家庭。

农村承包经营户按照与集体经济组织订立的承包合同从事经营活动，不需要进行注册登记。

个体工商户，农村承包经营户的合法权益，受法律保护。个体工商户的债务，个人经营的，以个人财产承担；家庭经营的，以家庭财产承担；无法区分的，以家庭财产承担。农村承包经营户的债务，以从事农村土地承包经营的农户财产承担；事实上由农户部分成员经营的，以该部分成员的财产承担。

5. 个人合伙

个人合伙也是我国自然人作为民事主体的一种特殊形式。个人合伙是指两个以上自然人按照协议（合同）约定，各自提供资金、实物、技术等，共同经营、共同劳动、共享收益、共担风险的营利性组织。

合伙人应当对出资数额、盈余分配、债务承担、入伙、退伙、合伙终止等事项，订立书面协议。合伙人投入的财产，由合伙人统一管理和使用。合伙经营积累的财产，归合伙人共有。个人合伙可以起字号，依法经核准登记，在核准登记的经营范围内从事经营。合伙负责人和其他人员的经营活动，由全体合伙人承担民事责任。合伙的债务，由合伙人按照出资比例或者协议的约定，以各自的财产承担清偿责任。合伙人对合伙的债务承担连带责任，法律另有规定的除外。偿还合伙债务超过自己应当承担数额的合伙人，有权向其他合伙人追偿。

（二）法人

法人是具有民事权利能力和民事行为能力，依法独立享有民事权利和承担民事义务的组织。法人是相对于自然人而言的另一个重要的民事主体。

1. 法人应当具备的条件

法人是一种社会组织，但并非任何社会组织都是法人。只有具备法人条件的社会组织才能依法取得法人资格。根据我国《民法总则》第五十八条的规定，法人应当具备下列条件：

（1）依法成立。包含两层含义：一是成立程序合法，如法人成立的审查、核准、登记、备案等都要符合法定程序。设立法人，法律、行政法规规定须经有关机关批准的，依照其规定。二是内容合法，即法人成立的目的、宗旨以及法人的业务活动等都要符合法律、行政法规的要求。

（2）有必要的财产或者经费。

（3）有自己的名称、组织机构和住所。法人要以自己的名义进行民事活动，就必须有自己特定的名称、固定场所，要有自己的管理机关和法人代表。

社会组织必须同时具备上述三个条件，才能成为法人。

2. 法人的类型

我国《民法总则》根据法人设立的目的和活动内容的不同，将法人划分为三大类：一是营利法人，包括有限责任公司、股份有限公司和其他企业法人等；二是非营利法人，包括事业单位、社会团体、基金会、社会服务机构等；三是特别法人，包括机关法人、农村集体经济组织法人、城镇农村的合作经济组织法人、基层群众性自治组织法人。

3. 法人的民事权利能力和民事行为能力

法人作为民事主体也有自己的民事权利能力和民事行为能力。

（1）法人的民事权利能力。法人的民事权利能力是指法人作为民事主体参与民事活动，取得民事权利和承担民事义务的资格。法人的民事权利能力和民事行为能力，从法人成立时产生，到法人终止时消灭。法人的民事权利能力的内容是由法人成立的宗旨和范围决定的，不是无限的，也就是说，核准登记的经营范围就是法人的权利能力。

（2）法人的民事行为能力。法人的民事行为能力是指法人以自己的行为进行民事活动，取得民事权利和承担民事义务的能力或者资格。

法人的民事行为能力与法人的民事权利能力同时产生，同时消灭。法人的民事行为能力的范围与它的民事权利能力的范围相一致，即法人在其核准经营的范围内享有权利能力，因此也只能在其核准经营的范围内享有行为能力。法人的民事行为能力是通过法人的组织机构和法定代表人来实现的。

（3）法定代表人。依照法律或者法人章程的规定，代表法人从事民事活动的负责人，为法人的法定代表人。各种法人的法定代表人，都应该是单位的正职行政负责人，无正职行政负责人时，可由主持工作的副职行政负责人作为法定代表人。

法定代表人可以法人名义直接进行民事行为，也可以委托代理人进行民事行为。法定代表人以法人名义从事的民事活动，其法律后果由法人承受。

（三）非法人组织

非法人组织是不具有法人资格，但是能够依法以自己的名义从事民事活动的组织。非法人组织包括个人独资企业、合伙企业、不具有法人资格的专业服务机构等。非法人组织应当依照法律的规定登记。设立非法人组织，法律、行政法规规定须经有关机关批准的，依照其规定。非法人组织的财产不足以清偿债务的，其出资人或者设立人承担无限责任。法律另有规定的，依照其规定。

第二节　民事权利和民事法律行为

民事权利，是指民事主体在民事法律关系中所享有的具体权益。它是民法赋予民事主体在具体的民事法律关系中为实现其某种利益而

名人名言

为权利而斗争是权利人对自己的义务。
——［德］耶林

为一定行为，或者要求他人为一定行为或者不为一定行为的权利。

根据民事权利的内容、作用的不同，可以将民事权利分为物权、债权、人身权、知识产权等。

一、物权

物权是指权利人依法对特定的物享有直接支配和排他的权利。根据权利内容和性质的不同，物权分为所有权、用益物权和担保物权。

案例链接

典权受法律保护吗？

2007 年 11 月，李某因急需用钱，将其房屋出典给王某，约定王某支付典价 30 万元，并将房屋交付给王某。后李某又将该房屋卖给张某，张某支付了全部 50 万元房款，并办理了房屋登记变更手续。因张某要求王某腾房，遂发生纠纷。

物权法定原则是物权法的一项重要原则。物权法定是指物权的种类和内容由法律规定，任何人或任何组织不能任意创设物权种类或物权的内容。物权的种类法定是指哪些权利属于物权，哪些权利不属于物权，要由物权法和其他法律规定。物权的内容法定主要是指物权的内容必须由法律规定，当事人不得创设与法定物权不符的物权，也不得自由决定物权的内容。由于物权法没有对案例中所谓的"典权"予以规定，所以王某的"典权"是不受法律保护的。当然，王某的"典权"虽不受法律保护，但王某可要求李某退回 30 万元的典价。

（一）所有权

所有权是指所有人依法对自己的财产享有的占有、使用、收益和处分的权利。

1. 所有权的取得

所有权的取得方式可分为原始取得与继受取得两种方式。原始取得，是指根据法律规定，最初取得财产的所有权或不依赖于原所有人的意志而取得财产的所有权。原始取得的具体方式有：劳动生产、孳息、征收、善意取得、添附、没收、拾得遗失物、拾得漂流物、发现埋藏物、隐藏物等。继受取得是指通过某种法律行为从原所有人那里取得对某物的所有权。继受取得的具体方式有买卖、赠与、互易、继承、受遗赠等。

2. 所有权的共有

共有，是指两个或两个以上的人共同享有对某项财产的所有权。共有可分为按份共有和共同共有。按份共有，是指两个或两个以上的人按照各自的份额分别对共有财产享有权利和承担义务的一种共有关系。如合伙人对合伙财产的共有。共同共有，是指两个或两个以上的人，基于某种共同关系而对某项财产不分份额地共同享有权利并承担义务的一种共有关系。如夫妻共有、家庭共有。

相关知识

居民小区车位车库的归属

我国《物权法》第74条规定：建筑区划内，规划用于停放汽车的车位、车库应当首先满足业主的需要。建筑区划内，规划用于停放汽车的车位、车库的归属，由当事人通过出售、附赠或者出租等方式约定。占用业主共有的道路或者其他场地用于停放汽车的车位，属于业主共有。

（二）用益物权

用益物权是指非所有人对所有人的财产享有的占有、使用及收益的权利。包括土地承包经营权、建设用地使用权、宅基地使用权、地役权等。

（三）担保物权

担保物权是以确保债务清偿为目的，而在债务人或者第三人的特定财产之上设定的定限物权。包括抵押权、质权和留置权。

二、债权

债是按照合同的约定或者依照法律的规定，在当事人之间产生的特定的权利和义务关系。债权是民事主体依据债的关系所享有的请求债务人为特定行为的权利。在债的关系中，享有权利的人是债权人，负有义务的人是债务人。

根据债的发生原因不同，债分为合同之债、无因管理之债、不当得利之债、侵权行为之债。

案例链接

拾到东西可据为己有而不归还失主吗？

小华在马路边行走时，不小心丢了200元钱，被走在他后面的小红捡到。经其他路人提醒，小华发现自己丢了钱，然后向小红讨要200元钱。小红拒绝了其要求，理由是自己捡的东西，愿意给就给，不愿意给就不给。

思考：小红可以将自己捡到的200元钱据为己有吗？

三、人身权

人身权，是指民事主体依法享有的，与其人身不可分离的而无直接财产内容的民事权利。人身权是民事主体最基本的民事权利，也是民事主体享有和行使其他民事权利的前提。

人身权分为两类：人格权和身份权。

人格权是指民事主体基于其独立人格而享有的、以人格利益为客体的权利。它是每个自然人、法人终身享有的权利。自然人的人格权包括生命权、健康权、身体权、人身自由权、婚姻自主权、姓名权、肖像权、名誉权、隐私权、荣誉权等。

身份权是指民事主体因具有某种特定身份时而产生的民事权利。身份权不同于人格权，不是每个自然人都能享有的权利，也不一定是终身享有的权利。自然人的身份权包括自然人在婚姻家庭关系中的身份权，如配偶权、亲权、亲属权，自然人在著作中的署名权、发表权，以及自然人的监护权等。

四、知识产权

知识产权是智力成果的创造人或工商业标记的所有人依法享有的权利的统称。

以知识产权的价值来源为标准，知识产权分为创造性智力成果权和工商业标记权。创造性智力成果权的价值来源于对该成果直接的商业性利用。工商业标记权的价值来源于它的区别功能。

（一）创造性智力成果权

1. 著作权

著作权是指民事主体基于文学、艺术和科学作品依法享有的权利。著作权又称为版权。作品是指文学、艺术和科学领域内具有独创性并能以某种有形形式复制的智力成果。作品的类型有文字作品，口述作品，音乐、戏剧、曲艺、舞蹈、杂技艺术作品，美术、建筑作品，实用艺术作品、摄影作品、电影等视听作品，工程设计图、产品设计图、地图、示意图等图形作品和模型作品，民间文学艺术作品等。

著作权的内容包括发表权、署名权、修改权、保护作品完整权、复制权、发行权、出租权、展览权、表演权、放映权、信息网络传播权等。

相关知识

著作权的保护期限

作者的署名权、修改权、保护作品完整权的保护期不受限制。

公民的作品，其发表权以及其他著作权的保护期为作者终生及其死亡后五十年，截止于作者死亡后第五十年的 12 月 31 日；如果是合作作品，截止于最后死亡的作者死亡后第五十年的 12 月 31 日。

法人或者其他组织的作品、著作权（署名权除外）由法人或者其他组织享有的职务作品，其发表权以及其他著作权的保护期为五十年，截止于作品首次发表后第五十年的 12 月 31 日。

2. 专利权

专利权是指法律赋予民事主体对其发明创造成果在一定期限内依法享有的专有权利。

根据专利权的对象的不同，可将专利分为发明专利、实用新型专利和外观设计专利。

发明创造人要取得专利权，要按照法律规定向国家知识产权局提出申请。符合法定条件的发明创造才可被授予专利权。

发明专利权的保护期限为 20 年，实用新型和外观设计专利权的保护期限为 10 年，均从申请之日起计算。超过了法定保护的期限，专利权自行消灭，专利技术便进入公有领域，任何人均可无偿使用。

3. 商业秘密权

商业秘密权，是指掌握商业秘密的人对其商业秘密所享有的占有、使用、收益和处分的权利。商业秘密，是指不为公众所知悉，能为权利人带来经济利益，具有实用性并经权利人采取保密措施的技术信息和经营信息。

4. 集成电路布图设计权

集成电路布图设计权，是指集成电路布图设计的创作人对其创作的集成电路布图设计所享有的专有权。

5. 植物新品种权

植物新品种权，是指完成育种的单位或个人对其授权的品种依法享有的排他使用权。

植物新品种是指经过人工培育的或者对发现的野生植物加以开发，具备新颖性、特异性、一致性、稳定性，并有适当的命名的植物新品种。完成育种的单位和个人对其授权的品种，享有排他的独占权，即拥有植物新品种权。

品种权的保护期限，自授权之日起，藤本植物、林木、果树和观赏树木的品种权保护期限为 20 年，其他植物为 15 年。

（二）工商业标记权

1. 注册商标专用权

注册商标专用权是注册商标所有人依法对其注册商标所享有的专有使用权。主要包括商标使用权、商标禁止权、商标许可权和商标转让权。

商标，是生产经营者在其商品或服务上所使用的，由文字、图形、字母、数字、三维标志、颜色组合和声音等，以及上述要素的组合构成的，用以识别自然人、法人或者其他组织的商品或服务与他人的商品或服务的可视性、可听性标志。在日常生活中，商标通常被称为商品的"牌子"。商标作为商品和服务的标志，既可以用来区别同类商品和服务，便于消费者选择，也有利于监督商品的质量，促进经营管理。

商标权的取得方式有两种形式，即原始取得和继受取得。原始取得又称为直接取得。在我国，商标权的原始取得方式是注册取得。继受取得，又称为传来取得，是指商标所有人所取得的商标权是基于他人的既存的商标权，其权利的范围、内容等都以原有的权利为依据。继受取得有两种方式，即转让和继承。

注册商标的有效期为十年，自核准注册之日起计算。注册商标有效期满，需要继续使用的，商标注册人应当在期满前十二个月内按照规定办理续展手续；在此期间未能办理的，可以给予六个月的宽展期。每次续展注册的有效期为十年，自该商标上一届有效期满次日起计算。期满未办理续展手续的，注销其注册商标。

2. 商号权

商号权，又称厂商名称权，是经营者对自己使用或注册的营业区别标志所享有的专用权。商号，又称厂商名称，是生产经营者的营业标志，体现着特定经营者的商业信誉和服务质量。商号还具有帮助消费者选择商品和服务的作用。

五、民事法律行为

民事法律行为是民事主体通过意思表示设立、变更、终止民事法律关系的行为。如订立合同、放弃债权、设立遗嘱等行为都是民事法律行为。在现实生活中，绝大多数民事法律关系的发生、变更或者消灭，都是通过民事法律行为来实现的。

民事法律行为必须具备法律规定的条件才具有法律效力。我国《民法总则》规定，民事法律行为应当具备下列条件：

（1）行为人具有相应的民事行为能力。这是指行为人要有能够以自己的独立行为设定民事权利、承担民事义务的主体资格。对于自然人来说，必须是完全民事行为能力人才有资格独立实施民事法律行为。

（2）意思表示真实。这是民事法律行为的核心要件。意思表示真实有两层含义：一是行为人希望发生法律效力的内心意思和表现为外部的行为是一致的。二是当事人意思表示是在能够自由表达自己意志的情况下作出的，而不是在受外力施加影响或者受欺诈、胁迫的情况下作出的。根据民事活动必须平等自愿的原则，有效的民事法律行为的意思表示必须真实，才具备法律效力。

（3）不违反法律、行政法规的强制性规定，不违背公序良俗。民事法律行为的内容和形式都要符合法律、行政法规的规定，不得违背社会的善良风俗习惯、社会道德，不得破坏社会公共秩序，不得损害国家、集体、个人利益和社会公共利益。

民事法律行为自成立时生效，但是法律另有规定或者当事人另有约定的除外。

案例链接

商店少收了钱能反悔吗?

某商店新进一种 CD 机，价格定为 1698 元。柜台组长在制作价签时，误将 1698 元写为 698 元。某大学生赵某在浏览柜台时发现该 CD 机物美价廉，于是用信用卡支付 1396 元购买了两台 CD 机。一周后，商店盘点时，发现少了 2000 元，经查是柜台组长标错价签所致。由于赵某用信用卡结算，所以商店查出是赵某少付了 CD 机货款，于是找到赵某，要求赵某补交 2000 元或退还 CD 机，商店退还 1396 元。赵某认为彼此的买卖关系已经成立并交易完毕，商店不能反悔，拒绝商店的要求。商店无奈只得向人民法院起诉，要求赵某返还 2000 元或 CD 机。

思考：1. 商店的诉讼请求有法律依据吗? 为什么?

2. 本案应如何处理?

六、无效的民事法律行为和可撤销的民事法律行为

（一）无效的民事法律行为

无效的民事法律行为是指不具备民事法律行为应当具备的有效条件，因而不能产生行为人预期的法律后果的行为。

我国《民法总则》规定，下列民事法律行为无效：

（1）无民事行为能力人实施的民事法律行为；

（2）行为人与相对人以虚假的意思表示实施的民事法律行为；

（3）违反法律、行政法规的强制性规定的民事法律行为无效，但是该强制性规定不导致该民事法律行为无效的除外；

（4）违背公序良俗的民事法律行为无效；

（5）行为人与相对人恶意串通，损害他人合法权益的民事法律行为无效。

无效的民事法律行为，从行为开始起就没有法律约束力。民事法律行为如果是部分无效，并且不影响其他部分的效力的，其他部分仍然有效。有效部分从行为开始起就具有法律约束力。

（二）可撤销的民事法律行为

可撤销的民事法律行为是指当事人所实施的民事法律行为，依照法律规定具有可撤

销的原因，由有申请撤销权的当事人请求，人民法院或者仲裁机关予以撤销的行为。《民法总则》规定，下列民事法律行为，一方有权请求人民法院或者仲裁机关予以撤销：

（1）行为人对行为内容有重大误解的；

（2）一方以欺诈手段，使对方在违背真实意思的情况下实施的民事法律行为；

（3）第三人实施欺诈行为，使一方在违背真实意思的情况下实施的民事法律行为，对方知道或者应当知道该欺诈行为的；

（4）一方或者第三人以胁迫手段，使对方在违背真实意思的情况下实施的民事法律行为；

（5）一方利用对方处于危困状态、缺乏判断能力等情形，致使民事法律行为成立时显失公平的。

被撤销的民事法律行为从行为开始起无效。

民事法律行为无效、被撤销或者确定不发生效力后，行为人因该行为取得的财产，应当予以返还；不能返还或者没有必要返还的，应当折价补偿。有过错的一方应当赔偿对方由此所受到的损失；各方都有过错的，应当各自承担相应的责任。法律另有规定的，依照其规定。

案例链接

房子该归谁所有？

台胞王某欲回大陆定居。经与张某协商，就购买张某一套楼房达成一致意思。因探亲期限届至，王某遂委托自己的侄子王甲代为签订房屋买卖协议和办理房产证书。王某在支付了购房款后由王甲与张某签订了房屋买卖协议。王甲偷偷与张某的妻子刘某达成一致意思，另外签订了一份房屋买卖协议，购房人为王甲。并持此份房屋买卖协议到房管局办理了房屋产权证书。后王某因索要买房契约和房产证书不得而与王甲发生纠纷。

思考：1. 王甲与刘某签订的房屋买协议是否合法有效？
      2. 本案应如何处理？

七、代理

代理是指代理人在代理权限内以被代理人的名义与第三人实施民事法律行为，而由被代理人承担所产生的民事权利义务后果的法律制度。代替他人实施民事法律行为的人称为代理人。由他人代替自己实施民事法律行为的人称为被代理人。与代理人实施民事法律行为的人称为第三人。在民事活动中，民事主体可以自己进行各种民事法律行为，也可以委托他人代理，通过代理同样可以为自己取得民事权利，设定民事义务。代理是民事主体进行民事活动的重要辅助手段。

根据《民法总则》的规定，代理可分为委托代理、法定代理。

代理适用的范围十分广泛：

（1）可以代理进行各种民事法律行为，如签订合同、买卖、借贷、接受继承、履行债务等，这是最常见、最普遍的一种代理。

（2）代理履行某些财政、行政义务，如代理个体工商户的核准登记、法人登记、房屋产权登记、缴纳税款等。

（3）代理进行民事诉讼。

代理适用范围虽然很广，但依照法律规定、当事人约定或者民事法律行为的性质，应当由本人亲自实施的民事法律行为，不得代理。不适用代理的有：

（1）具有人身性质的民事法律行为不适用代理，如立遗嘱、收养子女、放弃继承、结婚、离婚等，这些与特定人身紧密相连的，必须由当事人亲自履行。

（2）按双方当事人约定应当由本人实施的民事法律行为不适用代理。

（3）内容违法的行为、侵权行为不适用代理。

第三节　重要民事法律选介

一、合同法

合同是平等主体的自然人、法人、其他组织之间设立、变更、终止民事权利义务关系的协议。合同法是调整平等民事主体之设立、变更、终止民事权利义务关系的法律规范的总称。

1999年3月15日第九届全国人大第二次会议通过了《中华人民共和国合同法》（以下简称《合同法》），该法自1999年10月1日起开始实施。

（一）合同法的基本原则

我国合同法规定了以下基本原则：

（1）平等原则。是指在合同法律关系中，当事人在合同的订立、履行以及违约责任的承担等方面都享有平等的法律地位，一方不得将自己的意志强加给另一方；彼此的权利和义务对等；当事人的合法权益平等地受到法律的保护。

（2）自愿原则。是指当事人依法享有自愿订立合同的权利，任何单位和个人不得非法干预。

（3）公平原则。是指当事人应当遵循公平原则确定各方的权利和义务，切实保障合同当事人的合法权益。

（4）诚实信用原则。是指当事人行使权利、履行义务应当遵循诚实信用原则，尊重他人利益，不得有欺诈行为。

（5）合法原则。是指当事人订立、履行合同，应当遵守法律、行政法规，尊重社会公德，不得扰乱社会经济秩序，损害社会公共利益。

（二）合同的种类

我国《合同法》分则规定了十五类合同，分别是：买卖合同；供用电、水、气、热力合同；赠与合同；借款合同；租赁合同；融资租赁合同；承揽合同；建设工程合同；运输合同；技术合同；保管合同；仓储合同；委托合同；行纪合同；居间合同等。

（三）合同的订立

合同的订立，是指合同当事人依法就合同的内容经过协商，一致达成协议的法律行为。合同当事人可以是自然人，也可以是法人或者其他组织，但都应当具有相应的民事权利能力和民事行为能力。当事人也可以依法委托代理人订立合同。

1.合同订立的形式

合同法规定，当事人订立合同，有书面形式、口头形式和其他形式。法律、行政法规规定采用书面形式的，应当采用书面形式。当事人约定采用书面形式的，应当采用书面形式。

书面形式是指合同书、信件和数据电文（包括电报、电传、传真、电子数据交换和电子邮件）等可以有形地表现所载内容的形式。书面形式是当事人普遍采用的一种合同约定形式。口头形式是指当事人基于口头约定达成协议而订立合同。除了书面形式和口头形式，合同还可以其他形式订立，如可以根据当事人的行为或者特定情形推定合同的成立。

案例链接

口头合同有没有法律效力？

2012年10月，甲企业与乙企业达成口头协议，由乙企业在半年之内供应甲企业80吨钢材。两个月后，乙企业以原定钢材价格过低为由要求加价，并提出，如果甲企业表示同意，双方立即签订书面合同，否则，乙企业将不能按期供货。甲企业表示反对，并声称，如乙企业到期不履行协议，将向法院起诉。

请问：1. 此案中，双方当事人签订的口头合同有无法律效力？为什么？

2. 本案应如何处理？

2. 合同的条款

合同的条款是指合同中经双方当事人协商一致，规定双方当事人权利义务的具体条文。合同当事人的权利义务，除法律规定的以外，主要由合同的条款确定。《合同法》规定，合同的内容由当事人约定，一般包括以下条款：（1）当事人的名称或者姓名和住所；（2）标的；（3）数量；（4）质量；（5）价款或者报酬；（6）履行期限、地点和方式；（7）违约责任；（8）解决争议的方法。

3. 合同的订立方式

当事人订立合同，采取要约、承诺方式。

（1）要约。要约是希望和他人订立合同的意思表示，发出要约的当事人称为要约人，要约所指向的对方当事人称为受要约人。要约应当符合下列规定：①内容具体确定；②表明经受要约人承诺，要约人即受该意思表示约束。商业广告的内容符合要约规定的，视为要约。

要约到达受要约人时生效。采用数据电文形式订立合同，收件人指定特定系统接收数据电文的，该数据电文进入该特定系统的时间，视为到达时间；未指定特定系统的，该数据电文进入收件人的任何系统的首次时间，视为到达时间。

（2）承诺。承诺是受要约人同意要约的意思表示。承诺应当以通知的方式作出，但根据交易习惯或者要约表明可以通过行为作出承诺的除外。

承诺应当在要约确定的期限内到达要约人。承诺生效时合同成立。承诺通知到达要约人时生效。承诺不需要通知的，根据交易习惯或者要约的要求作出承诺的行为时生效。

承诺的内容应当与要约的内容一致。受要约人对要约的内容作出实质性变更的，为新要约。有关合同标的、数量、质量、价款或者报酬、履行期限、履行地点和方式、违约责任和解决争议方法等的变更，是对要约内容的实质性变更。承诺对要约的内容作出非实质性变更的，除要约人及时表示反对或者要约表明承诺不得对要约的内容作出任何变更的以外，该承诺有效，合同的内容以承诺的内容为准。

根据《合同法》规定，依法成立的合同，自成立时生效。法律、行政法规规定应当办理批准、登记等手续生效的，依照其规定。当事人对合同的效力可以约定附条件。附生效条件的合同，自条件成就时生效。附解除条件的合同，自条件成就时失效。当事人对合同的效力可以约定附期限。附生效期限的合同，自期限届至时生效。附终止期限的合同，自期限届满时失效。

（四）合同的履行

合同的履行是指合同生效后，合同当事人按照合同规定的条款，完成各自承担的义务和实现自己享有的权利，使合同的目的得以实现的行为。

根据合同法规定，合同的履行应遵循以下原则：（1）当事人应当按照约定全面履行自己的义务。（2）当事人应当遵循诚实信用原则，根据合同的性质、目的和交易习惯履行通知、协助、保密等义务。

1.合同履行的具体规则

（1）合同生效后，当事人就质量、价款或者报酬、履行地点等内容没有约定或者约定不明确的，可以协议补充；不能达成补充协议的，按照合同有关条款或者交易习惯确定。

（2）执行政府定价或者政府指导价的，在合同约定的交付期限内政府价格调整时，按照交付时的价格计价。过期交付标的物的，遇价格上涨时，按照原价格执行；价格下降时，按照新价格执行。过期提取标的物或者过期付款的，遇价格上涨时，按照新价格执行；价格下降时，按照原价格执行。

（3）当事人约定由债务人向第三人履行债务的，债务人未向第三人履行债务或者履行债务不符合约定，应当向债权人承担违约责任。

（4）当事人约定由第三人向债权人履行债务的，第三人不履行债务或者履行债务不符合约定，债务人应当向债权人承担违约责任。

（5）当事人互负债务，没有先后履行顺序的，应当同时履行。一方在对方履行之前有权拒绝其履行要求。一方在对方履行债务不符合约定时，有权拒绝其相应的履行要求。

（6）当事人互负债务，有先后履行顺序的，先履行一方未履行的，后履行一方有权拒绝其履行要求。先履行一方履行债务不符合约定的，后履行一方有权拒绝其相应的履行要求。

（7）合同生效后，当事人不得因姓名、名称的变更或者法定代表人、负责人、承办人的变动而不履行合同义务。

2.合同的中止履行

根据《合同法》规定，应当先履行债务的当事人，有确切证据证明对方有下列情形之一的，可以中止履行：（1）经营状况严重恶化；（2）转移财产、抽逃资金，以逃避债务；（3）丧失商业信誉；（4）有丧失或者可能丧失履行债务能力的其他情形。当事人没有确切证据中止履行的，应当承担违约责任。当事人依法中止履行的，应当及时通知对方。对方提供适当担保时，应当恢复履行。中止履行后，对方在合理期限内未恢复履行能力并且未提供适当担保的，中止履行的一方可以解除合同。债权人分立、合并或者变更住所没有通知债务人，致使履行债务发生困难的，债务人可以中止履行或者将标的物提存。

3. 合同的保全

合同的保全是指为防止债务人的财产不当减少而给债权人的债权带来危害，法律允许债权人为保全其债权的实现而采取的法律措施。

合同保全措施有两种：代位权和撤销权。代位权的行使范围以债权人的债权为限，债权人行使代位权的必要费用，由债务人承担。撤销权的行使范围以债权人的债权为限，债权人行使撤销权的必要费用，由债务人承担。撤销权自债权人知道或者应当知道撤销事由之日起一年内行使。自债务人的行为发生之日起五年内没有行使撤销权的，该撤销权消灭。

二、婚姻法

婚姻法是调整婚姻家庭关系的法律规范的总称。婚姻家庭关系是一种人与人之间的关系。婚姻关系是男女两性因结婚而产生的夫妻关系。家庭关系是以婚姻为基础而产生的家庭成员之间的关系，其中夫妻关系是最基本的，此外还有父母和子女关系、兄弟姐妹关系、祖父母与孙子女关系等。

婚姻法调整的对象是婚姻家庭方面的人身关系以及由此产生的财产关系。其中，人身关系是主要的，财产关系则是依人身关系为转移的。

我国现行的《婚姻法》于1980年9月10日第五届全国人大第三次会议通过，2001年4月28日第九届全国人大常委会第二十一次会议通过了对该法的修正案。

（一）结婚

结婚是男女双方依照法律规定的条件和程序确立婚姻关系的法律行为。结婚必须符合法定条件，包括必备条件和禁止条件。

1. 结婚必备条件

一是男女双方完全自愿，不允许任何一方对他方加以强迫或者任何第三者加以干涉。二是男女双方必须达到法定婚龄，男不得早于22周岁，女不得早于20周岁，晚婚晚育应予鼓励。三是必须符合一夫一妻制，结婚要求婚姻当事人必须是无配偶的人，即男女双方只有在各自未婚、丧偶或者离婚的情况下才能结婚。

2. 结婚的禁止条件

一是直系血亲和三代以内的旁系血亲；二是一方或双方患有医学上认为不应当结婚的疾病。

3. 结婚登记程序

指男女双方确立婚姻关系必须履行的程序。要求结婚的男女双方必须亲自到婚姻登记机关进行结婚登记。符合婚姻法规定的结婚条件的，予以登记，发给结婚证。取得结婚证，即确立夫妻关系。未办理结婚登记的，应补办登记。结婚登记程序分为申请、审查和登记三个步骤。

4. 无效婚姻和可撤销婚姻

（1）无效婚姻。《婚姻法》规定，有下列情形之一的，婚姻无效：一是重婚的；二是有禁止结婚的亲属关系的；三是婚前患有医学上认为不应当结婚的疾病，婚后尚未治愈的；四是未到法定婚龄的。

（2）可撤销婚姻。因胁迫结婚的，受胁迫的一方可以向婚姻登记机关或者人民法院请求撤销该婚姻。受胁迫的一方撤销婚姻的请求，应当自结婚登记之日起一年内提出。被非法限制人身自由的当事人请求撤销婚姻的，应当自恢复人身自由之日起一年内提出。

无效或者被撤销的婚姻，自始无效。当事人不具有夫妻的权利和义务，同居期间所得的财产，由当事人协议处理，协议不成时，由法院根据照顾无过错方的原则判决。对重婚导致的婚姻无效的财产处理，不得侵害合法婚姻当事人的财产权益。当事人所生的子女，适用婚姻法有关父母子女的规定。

（二）离婚

离婚是男女双方依法解除夫妻关系的法律行为。离婚不仅在当事人的人身、财产关系等方面引起一系列的法律后果，而且会对当事人双方、子女、家庭和社会产生一系列影响。因此，既要保障离婚自由又要反对轻率离婚。

1. 离婚的条件和程序

（1）双方自愿离婚的，准予离婚。双方必须到婚姻登记机关申请离婚。婚姻登记机关查明双方确实是自愿，并对子女和财产问题已有适当处理时，发给离婚证。

（2）男女一方要求离婚的，可由有关部门进行调解或者直接向人民法院提出离婚诉讼。人民法院审理离婚案件，应当进行调解，如果感情确已破裂，调解无效，应准予离婚。有下列情形之一，调解无效的，应准予离婚：一是重婚或者有配偶者与他人同居的；二是实施家庭暴力或者虐待、遗弃家庭成员的；三是有赌博、吸毒等恶习屡教不改的；四是因感情不和分居满两年的；五是其他导致夫妻感情破裂的情形。

一方被宣告失踪，另一方提出离婚诉讼的，应准予离婚。

2. 不准离婚的条件

（1）现役军人的配偶要求离婚，须得军人同意。但军人一方有重大过错的除外。

（2）女方在怀孕期间，分娩后一年内或者中止妊娠后六个月内，男方不得提出离婚。女方提出离婚的，或者人民法院认为确有必要受理男方离婚请求的，不在此限。

3. 离婚后有关问题的处理

（1）离婚后子女的抚养教育问题。男女双方离婚后，夫妻关系即告解除，但父母与子女间的关系不因父母离婚而解除。子女无论由哪一方抚养，仍是父母双方的子女。

因此，离婚后父母双方对子女仍有抚养和教育的权利和义务。

在生活费、教育费负担的问题上，一方抚养子女，另一方应负担必要的生活费和教育费的一部或者全部，负担费用的多少和期限的长短，由双方协议。协议不成时，由法院判决。

离婚后，不直接抚养子女的父或母，有探望子女的权利，另一方有协助的义务。父或母探望子女，不利于子女身心健康的（如赌博、吸毒），由法院依法中止探望的权利，中止的事由消失后，应当恢复探望的权利。

（2）离婚后共同财产的分割问题。离婚不仅解除了夫妻间的人身关系，也结束了夫妻间的财产关系。离婚时，夫妻的共同财产由双方协议处理，协议不成时，由法院根据财产的具体情况，按照照顾子女和女方权益的原则判决。一方因抚育子女、照料老人、协助另一方工作等付出较多义务的，离婚时有权向另一方请求补偿，另一方应当予以补偿。

离婚时，原为夫妻共同生活所负的债务，应共同偿还。共同财产不足清偿的，由双方协议清偿；协议不成时，由人民法院判决。

案例链接

婚前彩礼，离婚时还能要回吗？

原告邢某（男）与程某（女）于2013年9月经他人介绍相识，并确立恋爱关系。2014年2月，邢某与程某两家讨论二人结婚事宜，其间邢某为程某购买了钻戒、铂金项链等物品，另邢某家人给付程某家人2万元现金用于摆酒席。2014年5月，邢某与程某登记结婚。2014年12月，邢某向程某提出离婚，并要求程某返还为其购买的钻戒、铂金项链等财物以及2万元现金，但均遭到拒绝。程某认为，这些都是彩礼，属于赠与行为，且已经履行完毕，而2万元是用于女方办酒席，已经花费掉，故其不同意返还。邢某于是起诉至法院。

请问：程某是否应返还邢某给付的彩礼？

（三）家庭关系

家庭是社会的细胞，是以婚姻关系为基础的社会组织。家庭关系是指家庭成员之间法律上的权利和义务关系。包括夫妻关系、父母子女关系以及其他家庭成员之间的关系。

1. 夫妻关系

夫妻关系是指由合法婚姻而产生的男女之间人身和财产方面的权利与义务关系。

（1）夫妻间在人身方面的权利与义务包括：①夫妻在家庭中地位平等；②夫妻双

方都有各用自己姓名的权利；③夫妻双方都有参加生产、工作、学习和社会活动的自由，一方不得对他方加以限制或者干涉；④夫妻双方都有实行计划生育的义务。

（2）夫妻间在财产方面的权利与义务包括：①夫妻对共同所有的财产，有平等的处理权。双方另有约定的除外。夫妻共同财产有：工资、奖金；生产经营的收益；知识产权的收益；继承或者赠与所得的财产，但遗嘱或者赠与合同中确定只归夫或妻一方的财产除外；其他应归共同所有的财产；②夫妻有相互扶养的义务；③夫妻有相互继承遗产的权利。

有下列情形之一的，为夫妻一方财产：①一方的婚前财产；②一方因身体受到伤害获得的医疗费、残疾人生活补助费等；③遗嘱或者赠与合同中确定只归夫或妻一方所有的财产；④一方专用的生活用品；⑤其他应归一方的财产。

2. 父母子女关系

父母子女关系，是指父母子女之间基于身份而产生的权利和义务关系。一般分为自然血亲的父母子女关系和拟制血亲的父母子女关系。自然血亲的父母子女关系基于子女出生的事实而发生，包括婚生的父母子女关系和非婚生的父母子女关系。拟制血亲关系指无血缘关系，但法律上确认其与自然血亲有同等权利义务关系的亲属关系，包括养父母养子女关系和继父母继子女关系。

我国婚姻法规定的父母与子女的权利与义务包括：

（1）父母对子女有抚养教育的义务。

（2）子女对父母有赡养扶助的义务。

（3）父母有保护和教育未成年子女的权利和义务。在未成年子女对国家、集体或者他人造成损害时，父母有承担民事责任的义务。

（4）父母和子女有相互继承遗产的权利。

此外，《婚姻法》还规定了一些特定权利与义务，如禁止溺婴、弃婴和其他残害婴儿的行为；非婚生子女享有与婚生子女同等的权利，任何人不得加以危害和歧视；不直接抚养非婚生子女的生父或生母，应负担子女的生活费和教育费，直至子女能独立生活为止；养父母与养子女之间的权利与义务和继父母与继子女之间的权利与义务适用婚姻法对父母子女关系的有关规定；子女应尊重父母的婚姻权利，不得干涉父母再婚以及婚后的生活。子女对父母的赡养义务，不因父母的婚姻关系变化而终止。

三、继承法

继承法是调整财产继承关系的法律规范的总称。财产继承就是把死亡公民的个人合法财产，转归有权接受这种财产的人所有的一种法律制度。在继承关系中，死者遗留的个人合法财产，叫遗产；遗留财产的死者称为被继承人；接受遗产或者有权接受遗产的人称为继承人或者受遗赠人；继承人依法取得遗产的权利叫继承权。

我国现行的《继承法》是 1985 年 4 月 10 日第六届全国人大第三次会议通过，并于 1985 年 10 月 1 日起实施。

（一）遗产继承的方式

遗产继承方式分为法定继承、遗嘱继承和遗赠三种。

1. 法定继承

法定继承指依照法律规定的继承人的范围、继承顺序、遗产分配原则进行继承的方式。只有在被继承人没有立遗嘱、所立遗嘱无效或者遗嘱继承人拒绝接受遗产等情况下，才发生效力。又称无遗嘱继承。

法定继承人的范围包括：配偶、子女（包括婚生子女、非婚生子女、养子女和有抚养关系的继子女）、父母（包括生父母、养父母和有抚养关系的继父母）、兄弟姐妹（包括同父母的兄弟姐妹、同父异母或者同母异父的兄弟姐妹、养兄弟姐妹、有扶养关系的继兄弟姐妹）、祖父母、外祖父母。

《继承法》规定了法定继承人继承遗产的两个顺序：第一顺序为配偶、子女、父母、对公婆尽了主要赡养义务的丧偶儿媳、对岳父母尽了主要赡养义务的丧偶女婿。第二顺序为兄弟姐妹、祖父母、外祖父母。

继承开始后，首先由第一顺序继承人继承，第二顺序继承人不能继承。没有第一顺序继承人或者第一顺序继承人全部放弃继承权或者被剥夺继承权的，才由第二顺序继承人继承。

2. 遗嘱继承

遗嘱继承指按公民生前所立遗嘱的内容进行继承的继承方式，又称指定继承。遗嘱继承优先于法定继承。被继承人生前立有合法遗嘱的，按遗嘱进行继承。在没有遗嘱或者所立遗嘱无效时才按法定继承进行。立遗嘱的被继承人叫遗嘱人，接受遗嘱继承的人叫遗嘱继承人。

《继承法》规定了遗嘱的有效条件：

（1）遗嘱人立遗嘱时必须具有行为能力。无行为能力人或者限制行为能力人所立遗嘱无效。

（2）遗嘱必须是遗嘱人真实意思的表示。受胁迫、欺骗所立遗嘱无效，伪造遗嘱无效。

（3）遗嘱内容合法。遗嘱处分的财产必须是遗嘱人的个人合法财产。遗嘱不得取消缺乏劳动能力又没有生活来源的继承人的继承权。不得取消应为胎儿保留的继承份额。不能违反法律、政策及社会道德。

《继承法》规定公民立遗嘱的形式有五种：公证遗嘱；自书遗嘱；代书遗嘱；录音遗嘱；口头遗嘱。

3. 遗赠

遗赠是指遗嘱人用遗嘱的方式将其个人财产于其死后赠给法定继承人以外的人、

国家、集体组织的一种法律制度。如果立遗嘱人与他人签订了遗赠扶养协议，应当优先按照遗赠扶养协议处理立遗嘱人的遗产。遗赠扶养协议是指受扶养人和扶养人之间签订的关于扶养人承担受扶养人的生养死葬义务，受扶养人将其所有的财产遗赠给扶养人的协议。

案例链接

老人立遗嘱将财产留给邻居是否合法？

王大爷的老伴去世多年，其膝下只有一个儿子，但长年不上门。60多岁的老邻居赵某同情王大爷的境遇，主动照顾起他的饮食起居，直到王大爷搬进养老院。王大爷非常感激，决定立下遗嘱把自己唯一的财产——一处房子留给赵某。儿子、儿媳听说后立即到老人家中吵闹、威胁。王大爷于是找到一家律师事务所的刘律师，与其签了一份遗嘱执行委托代理协议，指定刘律师为遗嘱执行人。目前这份遗嘱已被存入银行保管箱内，王大爷百年后，将由刘律师开启遗嘱，并帮王大爷实现遗愿。

思考：王大爷的遗嘱有效吗？

（二）遗产的处理

继承从被继承人死亡时开始。立遗嘱的，要查明遗嘱是否合法有效。没有遗嘱的，确定遗产受领人。继承人放弃继承的，应当在遗产处理前作出放弃继承的表示；没有表示的，视为接受继承。

《继承法》规定继承人有下列行为之一的，丧失继承权：故意杀害被继承人；为争夺遗产杀害其他继承人的；遗弃被继承人的，或者虐待被继承人情节严重的；伪造、篡改或者销毁遗嘱，情节严重的。

无人继承的遗产，归国家所有；死者生前是集体所有制组织成员的，归所在集体所有制组织所有。

第四节　民事责任及诉讼时效

一、民事责任的含义及种类

民事责任是指民事主体因违反法律规定或者合同约定的民事义务，侵犯他人合法的民事权利，所应承担的法律后果。

民事责任主要有违反合同的民事责任、侵权的民事责任。

（一）违反合同的民事责任

违反合同的民事责任是指当事人不履行合同义务或者履行合同义务不符合约定条件而应承担的民事责任。

违反合同的行为主要有：不履行合同；不适当履行合同；迟延履行合同和毁约行为。

承担违约责任的方式有：继续履行；采取补救措施；修理、重做、更换；支付违约金；赔偿损失等。当事人一方违反合同的，由违反合同的一方承担民事责任。当事人一方违反合同的赔偿责任，应当相当于另一方因此所受到的损失。当事人双方都违反合同的，应当分别承担各自应负的民事责任。当事人一方因另一方违反合同受到损失的，应当及时采取措施防止损失的扩大；没有及时采取措施致使损失扩大的，无权就扩大的损失要求赔偿。当事人一方由于上级机关的原因，不能履行合同义务的，应当按照合同约定向另一方赔偿损失或者采取补救措施，再由上级机关对其因此受到的损失负责处理。

（二）侵权的民事责任

侵权的民事责任是指民事主体侵犯国家、集体或者他人的合法民事权益而应承担的民事责任。侵权的民事责任又分为一般侵权的民事责任和特殊侵权的民事责任。

1. 一般侵权的民事责任

（1）侵占国家的、集体的财产或者他人财产的，应当返还财产，不能返还财产的，应当折价赔偿。损害国家的、集体的财产或者他人财产的，应当恢复原状或者折价赔偿。受害人因此遭受其他重大损失的，侵害人应当赔偿损失。

（2）公民、法人的著作权、专利权、商标专用权、发现权、发明权或其他科技成果权受到剽窃、篡改、假冒等侵害的，有权要求停止侵害，消除影响，赔偿损失。

（3）侵害公民身体造成伤害的，应当赔偿医疗费、因误工减少的收入、残疾者生活补助费等费用；造成死亡的，应当支付丧葬费、死者生前扶养的人必要的生活费等费用。

（4）公民的姓名权、肖像权、名誉权、荣誉权及法人的名称权、名誉权、荣誉权、隐私权受到侵害的，有权要求停止侵害，恢复名誉，消除影响，赔礼道歉，并可以要求赔偿损失。

2. 特殊侵权的民事责任

特殊侵权的民事责任是由法律直接规定某些行为应承担的民事责任。特殊侵权的民事责任包括：

（1）产品责任

因产品存在缺陷造成他人损害的，产品制造者、销售者应当依法承担民事责任；因运输者、仓储者等第三人的过错使产品存在缺陷，造成他人损害的，产品的生产者、销售者赔偿后，有权向第三人追偿。

（2）机动车交通事故责任

根据《道路交通安全法》的规定，机动车发生交通事故造成人身伤亡、财产损失的，由保险公司在机动车第三者责任强制保险责任限额范围内予以赔偿；不足的部分，按照下列规定承担赔偿责任：

①机动车之间发生交通事故的，由有过错的一方承担赔偿责任；双方都有过错的，按照各自过错的比例分担责任。

②机动车与非机动车驾驶人、行人之间发生交通事故，非机动车驾驶人、行人没有过错的，由机动车一方承担赔偿责任；有证据证明非机动车驾驶人、行人有过错的，根据过错程度适当减轻机动车一方的赔偿责任；机动车一方没有过错的，承担不超过百分之十的赔偿责任。

③交通事故的损失是由非机动车驾驶人、行人故意碰撞机动车造成的，机动车一方不承担赔偿责任。

（3）医疗损害责任

患者在诊疗活动中受到损害，医疗机构及其医务人员有过错的，由医疗机构承担赔偿责任；患者有损害，因下列情形之一的，推定医疗机构有过错：

①违反法律、行政法规、规章以及其他有关诊疗规范的规定；

②隐匿或者拒绝提供与纠纷有关的病历资料；

③伪造、篡改或者销毁病历资料。

因药品、消毒药剂、医疗器械的缺陷，或者输入不合格的血液造成患者损害的，患者可以向生产者或者血液提供机构请求赔偿，也可以向医疗机构请求赔偿。患者向医疗机构请求赔偿的，医疗机构赔偿后，有权向负有责任的生产者或者血液提供机构追偿。

（4）环境污染责任

因污染环境发生纠纷，污染者应当就法律规定的不承担责任或者减轻责任的情形及其行为与损害之间不存在因果关系承担举证责任。

（5）高度危险责任

高度危险责任，是指高度危险行为人实施高度危险活动或者管领高度危险物，造成他人人身损害或财产损害，应当承担损害赔偿责任的特殊侵权责任。高度危险责任包括：

①民用核设施发生事故的损害责任；

②民用航空器损害责任；

③占有或者使用易燃、易爆、剧毒、放射性危险物损害责任；

④从事高空、高压、地下挖掘、使用高速轨道运输工具损害责任；

⑤遗失、抛弃高度危险物损害责任；

⑥非法占有高度危险物损害责任；

⑦高度危险区域损害责任。

（6）饲养动物损害责任

饲养的动物造成他人损害的，动物饲养人或者管理人应当承担侵权责任，但能够证明损害是因被侵权人故意或者重大过失造成的，可以不承担或者减轻责任。

动物园动物造成他人损害的，动物园应当承担侵权责任，但能够证明尽到管理职责的，不承担责任。

（7）物件损害责任

物件损害责任是指因民事主体管理下的物件造成他人损害而由物件的所有人或者管理人所承担的侵权责任。

物件损害责任包括：

①建筑物等设施及搁置物、悬挂物脱落、坠落损害责任。建筑物、构筑物或者其他设施及其搁置物、悬挂物发生脱落、坠落造成他人损害，所有人、管理人或者使用人不能证明自己没有过错的，应当承担侵权责任。所有人、管理人或者使用人赔偿后，有其他责任人的，有权向其他责任人追偿。

②建筑物等设施倒塌损害责任。

③不明抛掷物、坠落物损害责任。从建筑物中抛掷物品或者从建筑物上坠落的物品造成他人损害，难以确定具体侵权人的，除能够证明自己不是侵权人的外，由可能加害的建筑物使用人给予补偿。

④堆放物倒塌损害责任。堆放物倒塌造成他人损害，堆放人不能证明自己没有过错的，应当承担侵权责任。

⑤妨碍通行物损害责任。在公共道路上堆放、倾倒、遗撒妨碍通行的物品造成他人损害的，有关单位或者个人应当承担侵权责任。

⑥林木折断损害责任。因林木折断造成他人损害，林木的所有人或者管理人不能证明自己没有过错的，应当承担侵权责任。

⑦公共场所、道路施工和窨井等地下设施损害责任。在公共场所或者道路上挖坑、

修缮安装地下设施等，没有设置明显标志和采取安全措施造成他人损害的，施工人应当承担侵权责任。窨井等地下设施造成他人损害，管理人不能证明尽到管理职责的，应当承担侵权责任。

二、承担民事责任的方式

我国《民法总则》规定承担民事责任的方式主要有：（1）停止侵害；（2）排除妨碍；（3）消除危险；（4）返还财产；（5）恢复原状；（6）修理、重作、更换；（7）继续履行；（8）赔偿损失；（9）支付违约金；（10）消除影响、恢复名誉；（11）赔礼道歉。

此外，法律规定惩罚性赔偿的，依照其规定。

以上承担民事责任的方式，既可以单独适用，也可以合并适用。

三、民事责任的免除

民事责任的免除，是指由于存在法律规定的事由，行为人对其不履行合同或者造成他人损害的，不承担民事责任。根据《民法总则》规定，免除民事责任的情况有以下几种：

（一）不可抗力

不可抗力是指无法遇见、不能避免并不能克服的客观情况。因不可抗力造成损害的，行为人主观上无过错，不承担民事责任。

（二）正当防卫

正当防卫是法律赋予公民的一项合法权利。《民法总则》规定，因正当防卫造成损害的，不承担民事责任。正当防卫超过必要的限度，造成不应有的损害的，应当承担适当的民事责任。

（三）紧急避险

《民法总则》规定，因紧急避险造成损害的，由引起险情发生的人承担民事责任。危险由自然原因引起的，紧急避险人不承担民事责任，可以给予适当补偿。因紧急避险采取措施不当或者超过必要的限度，造成不应有的损害的，紧急避险人应当承担适当的民事责任。

（四）因自愿实施紧急救助行为造成受助人损害的，救助人不承担民事责任

案例链接

扔鞭炮炸瞎小伙伴右眼，由谁负责？

2013 年 2 月，女孩小舟来到姨妈家玩耍居住。某日晚上，还不到 7 周岁的小康和小伙伴在小舟姨妈家小卖部门前围着一个火堆玩耍，小舟和表妹也在不远处

玩。突然，意外发生了，一枚鞭炮在小康面前的火堆里炸响，将蹲坐在火堆旁烤火的小康右眼炸伤。小康被炸伤之后，父母急忙将其送往医院治疗。虽经多家医院治疗，小康的右眼球仍然没有保住，需要摘除。经鉴定，小康被鞭炮炸伤致"右眼盲目无光感"，属八级伤残。

后经法院查明，火堆里炸响的鞭炮为小舟所扔。

思考：小康的医疗费、护理费、残疾赔偿金、精神抚慰金等应由谁承担？
为什么？

四、诉讼时效

诉讼时效，是指民事权利受到侵害的权利人在法定期限内不行使自己的权利，在时效期间届满时，法律规定其胜诉权归于消灭

法律格言

法律不保护权利上的睡眠者。

——法谚

的制度。即在法定期限内，根据权利人的请求，人民法院对其民事权利予以保护，对义务人应履行的义务予以强制履行。如果权利人不向义务人主张其权利，自诉讼时效届满之日起，其权益不再受到法律保护，义务人可以不再履行义务。即"有权不用，过期作废"。

诉讼时效分为普通诉讼时效和特别诉讼时效。

（一）普通诉讼时效

普通诉讼时效，又称一般诉讼时效，是指由我国民法统一规定的，除法律有特别规定之外可以普遍适用于各种民事法律关系的诉讼时效。《民法总则》第188条规定："向人民法院请求保护民事权利的诉讼时效期间为三年。法律另有规定的，依照其规定。诉讼时效期间自权利人知道或者应当知道权利受到损害以及义务人之日起计算。法律另有规定的，依照其规定。但是自权利受到损害之日起超过二十年的，人民法院不予保护；有特殊情况的，人民法院可以根据权利人的申请决定延长。"

（二）特别诉讼时效

特别诉讼时效，又称特殊诉讼时效，是指由民法或者单行法规定的只适用于某些特定的民事法律关系的诉讼时效。根据《民法总则》的规定，有以下两种：（1）无民事行为能力人或者限制民事行为能力人对其法定代理人的请求权的诉讼时效期间，自该法定代理终止之日起计算；（2）未成年人遭受性侵害的损害赔偿请求权的诉讼时效期间，自受害人年满十八周岁之日起计算。

诉讼时效期间届满的，义务人可以提出不履行义务的抗辩。诉讼时效期间届满后，

义务人同意履行的，不得以诉讼时效期间届满为由抗辩；义务人已自愿履行的，不得请求返还。

人民法院不得主动适用诉讼时效的规定。

体验与践行

一、与其他同学合作，签订一份商品房买卖合同。

二、课后观看中央电视台第一套节目《今日说法》中的有关民事案例，思考、讨论如何依法行使民事权利；如果自己的民事权利受到侵犯，如何依法维护自身的权利。

三、小丽在某商场买了一盒防晒霜，用了几天后脸上长了很多水泡。经有关部门检测，她使用的防晒霜已经变质。原来商场最近装修，将一批化妆品随意堆放，小丽所买的防晒霜经过日光的长时间暴晒已经变质。经过住院治疗，小丽康复。小丽住院花去医疗费 8000 余元。

请回答以下问题：

1. 小丽购买防晒霜的费用怎么处理？

2. 小丽住院所花的医疗费应由谁承担？

3. 你从该案例中得到什么教训？

远离犯罪

学习目标

1. 了解刑法的基本功能，理解刑法的基本原则；
2. 掌握犯罪特征和犯罪构成的四个要件；
3. 对故意杀人罪、故意伤害罪、抢劫罪、盗窃罪、诈骗罪的成立有明确认知；
4. 熟悉主刑、附加刑的种类，了解追诉时效的时间规定；
5. 培养对刑法的敬畏感，从而最终达到远离犯罪的目的。

案例导入

2014 年 3 月—5 月，刚满十七周岁的江某，先后三次在某市进行抢劫，其中第三次抢劫时把一位受害人非常残忍地打死。在看守所的律师会见过程中，江某得知他抢劫时打伤的受害人已经死亡后，居然还问律师自己能坐多久的牢，一年还是两年？在律师向他解释了他所犯罪行的严重性之后，他仍然让律师给他家里人带口信，让家人花点钱找找关系尽量对他判缓刑。

根据我国《刑法》第 263 条的规定，只要构成抢劫罪就将被判处三年以上十年以下有期徒刑，如果在抢劫的过程中还有多次抢劫或致人重伤死亡的情形，会被判处十年以上有期徒刑、无期徒刑或者死刑。

思 考 通过这个案例，你受到了什么启发？

青少年要想预防和规避犯罪，就必须掌握一定的刑法常识，对什么样的行为会构成犯罪，各种犯罪应该受到什么样的处罚要有明确的认知，培养自己对刑法的敬畏情感，从而最终达到远离犯罪的目的。

第一节　刑法概述

刑法是规定犯罪、刑事责任和刑罚的法律，具体来说，就是规定哪些行为构成犯罪和应负刑事责任，并给犯罪人以何种刑罚处罚的法律。

刑法有狭义和广义之分。狭义刑法是指系统地规定犯罪、刑事责任和刑罚的刑法典。在我国即指 1979 年 7 月 1 日第五届全国人民代表大会第二次会议通过、1997 年 3 月 14 日第八届全国人民代表大会第五次会议修订的《中华人民共和国刑法》（以下简称《刑法》）。修订后的《刑法》包括总则、分则、附则三部分。

广义刑法是指一切规定犯罪、刑事责任和刑罚的法律规范的总和。它不仅仅指刑法典，还包括对刑法典中局部内容进行修改补充的决定或补充规定。对刑法典进行局部修改补充的决定或补充规定，理论上称为单行刑法；非刑事法律中的刑事责任条款，理论上称为附属刑法。所以，广义刑法是由刑法典、单行刑法和附属刑法组成的。

一、刑法的基本功能

根据我国《刑法》第 2 条的规定，刑法的基本功能主要体现为保护法益功能、保障人权功能和行为规制功能。

相关知识

> 《刑法》第 2 条："中华人民共和国刑法的任务，是用刑罚同一切犯罪行为作斗争，以保卫国家安全，保卫人民民主专政的政权和社会主义制度，保护国有财产和劳动群众集体所有的财产，保护公民私人所有的财产，保护公民的人身权利、民主权利和其他权利，维护社会秩序、经济秩序，保障社会主义建设事业的顺利进行。"

（一）保护法益功能

保护法益功能即刑法具有保护合法权益不受犯罪侵害与威胁的功能。保护法益既包括保护国家法益、社会法益，也包括保护个人法益。保护法益作为刑法的根本任务可以说是刑法存在的根本理由，从而也可以得出刑罚的目的——通过惩罚犯罪达到预防犯罪。

（二）保障人权功能

保护人权功能即刑法具有保障公民个人权益不受国家刑罚权不当侵害的功能。刑法的保障人权功能主要是通过限制国家刑罚权来保障犯罪嫌疑人、被告人和罪犯的人权，进而实现对一般人权利的保障。可见，刑法既是善良人的大宪章，也是犯罪人的大宪章。

（三）行为规制功能

刑法的规制功能是指刑法通过对犯罪行为类型及其法律后果的规定来表明国家对该犯罪的规范性评价。这里的规范性评价意味着刑法既是行为规范，也是裁判规范。刑法的行为规范明确了社会公众的行为范围，确定了其行为禁区，从而帮助其避免犯罪；刑法的裁判规范明确了司法机关对犯罪行为的裁判依据。

二、刑法的基本原则

刑法基本原则是指贯穿于全部刑法规范，具有指导和制约全部刑事立法和刑事司法的意义，体现我国刑事法治基本精神的准则。刑法的基本原则是对刑法的制定、补充、修改具有全局性、根本性意义的准则。

（一）罪刑法定原则

《刑法》第 3 条规定："法律明文规定为犯罪行为的，依照法律定罪处刑；法律没有明文规定为犯罪行为的，不得定罪处刑。"根据《刑法》这一规定的精神，罪刑法定原则的经典表述是，"法无明文规定不为罪，法无明文规定不处罚"。

（二）适用刑法人人平等原则

《刑法》第 4 条规定："对任何人犯罪，在适用法律上一律平等，不允许任何人有超越法律的特权。"需要注意的是，适用刑法人人平等原则具有全过程性，不仅体现在定罪、量刑上一律平等，而且在行刑上也要一律平等；适用刑法人人平等原则并不排除刑罚个别化问题，问题在于导致差异的原因是否合理合法。

（三）罪责刑相适应原则

《刑法》第 5 条规定："刑罚的轻重，应当与犯罪分子所犯罪行和承担的刑事责任相适应。"根据刑法这一规定的精神，对行为人确定的刑罚要结合行为人的主观恶意和人身危险性的大小，把握罪行和罪犯各个方面的因素，确定刑事责任的程度，适用轻重相应的刑罚。罪责刑相适应原则的经典表述是，"重罪重罚、轻罪轻罚、罪刑相称、罚当其罪"。

第二节　犯罪构成

所谓刑法的犯罪论，实际上就是解决什么样的行为构成犯罪的问题。在实践操作层面上，刑罚的犯罪论主要包括犯罪特征、犯罪构成和犯罪违法阻却事由三个方面。

一、犯罪特征

根据《刑法》第13条的规定，犯罪的基本特征包括严重的社会危害性、刑事违法性和应受刑法惩罚性三个方面。

相关知识

　　《刑法》第13条规定："一切危害国家主权、领土完整和安全，分裂国家、颠覆人民民主专政的政权和推翻社会主义制度，破坏社会秩序和经济秩序，侵犯国有财产或者劳动群众集体所有的财产，侵犯公民私人所有的财产，侵犯公民的人身权利、民主权利和其他权利，以及其他危害社会的行为，依照法律应当受到刑事处罚的，都是犯罪，但是情节显著轻微危害不大的，不认为是犯罪。"

（一）犯罪是严重危害社会的行为，具有严重的社会危害性

所谓犯罪的社会危害性，是指犯罪行为危害我国刑法所保护的社会关系以及体现这些社会关系的国家和人民利益。

犯罪的社会危害性具有多种表现形式：有的表现为实际的危害结果，有的表现为发生严重危害结果的现实危险，有的表现为物质性的危害结果，有的表现为精神性的危害。犯罪的社会危害性不是一个纯粹的事实概念，而是行为的客观危害和行为人的主观恶性的统一。影响犯罪的社会危害性及其程度的因素很多，有行为侵犯的客体，行为的手段、方法及时间、地点，行为造成的危害结果，行为人的个人情况，以及行为人的个人心理状态等。

（二）犯罪是触犯刑法的行为，即具有刑事违法性

具有社会危害性的行为不一定都是犯罪行为，只有触犯刑法的严重危害社会的行为，才是现代意义上的犯罪。反过来说，如果一个行为没有违反刑法的规定，不符合刑法分则规定的犯罪构成，即使具有严重的社会危害性，也不可能构成犯罪。

我国刑法中，刑事违法性包括违反《刑法》的规定、单行刑事法规的规定和行政、经济法律中规定的刑事责任条款，以及违反刑法分则性规范的规定和总则性规范的规定。刑事违法性是犯罪的基本法律特征，也是划分犯罪行为和一般违法行为的基本界限。

（三）犯罪是应受刑罚惩罚的行为，即具有应受刑罚惩罚性

犯罪是刑罚的前提，刑罚是犯罪的法律后果。犯罪的概念包括刑罚的要求。我国《刑法》第13条将"应当受到刑事处罚"这一特征明确写进了犯罪的定义。如果一个行为不应受刑罚惩罚，也就意味着它不是犯罪。

应受惩罚性并不是刑事违法性和法益侵害性的消极法律后果，它对于犯罪的立法规定与司法认定具有重要意义。

在立法上，应受惩罚性对于立法机关将何种行为规定为犯罪具有制约作用。某种行为，只有当立法机关认为需要动用刑罚加以制裁的时候，才会在刑法上将其规定为犯罪，给予这种行为否定的法律评价；在司法上，应受惩罚性对于司法机关划分罪与非罪的界限也具有指导意义。

二、犯罪构成

犯罪构成是指依照我国刑法的规定，决定某一具体行为的社会危害性及其程度，为该行为构成犯罪所必需的一切客观和主观要件的有机统一，是使行为人承担刑事责任的根据。通俗地说，犯罪构成就是指任何一个行为如果要构成犯罪，它所必须具备的要件。

这些要件在我国现行体制下主要体现为犯罪客体、犯罪客观方面、犯罪主体和犯罪主观方面四个方面。对"犯罪构成"的阐释有助于区分罪与非罪、此罪与彼罪，对准确、合法、及时地同犯罪作斗争，切实有效地保障公民的合法权益，保障无罪者不受非法追究，具有重要意义。

（一）犯罪客体

所谓犯罪客体是指刑法所保护的社会关系以及体现这些社会关系的国家、社会和个人利益——法益。刑法法益是关涉社会生活的重要利益。

法益侵害具有两种情形：一是实害，二是危险。实害是指行为对法益造成的现实侵害，例如故意杀人，已经将人杀死，造成对他人生命法益的侵害。危险是指行为对法益具有侵害的可能，在这种情况下，实际损害并未发生，但法益处于遭受侵害的危险状态，因而同样被认为具有法益侵害性，并具有刑事可罚性。例如在道路上醉酒驾驶机动车，虽然没有发生交通事故，实际损害并未发生，但他人生命财产的法益一直处于遭受侵害的危险状态，因此在道路上醉酒驾驶机动车仍然被认为具有法益侵害性，构成危险驾驶罪。

在我国刑法中，大多数行为是因为具有法益侵害的实害性而被规定为犯罪，但也有

少数行为是因为具有法益侵害的危险性而被规定为犯罪，这种危险包括抽象危险与具体危险。其中抽象危险是指立法推定的危险，在司法活动中无须认定，只要具有法律规定的行为即可构成犯罪。例如刑法第 125 条、第 126 条、第 127 条、第 133 条规定的非法制造、买卖、运输、邮寄、储存枪支、弹药、爆炸物罪；违规制造、销售枪支罪；盗窃、抢夺枪支、弹药、爆炸物、危险物质罪和危险驾驶罪等。具体危险是指司法认定的危险，如果不具有这种危险，即使存在法律规定的行为也不构成犯罪。例如刑法第 114 条、第 116 条、第 117 条、第 118 条规定的放火罪、决水罪、爆炸罪、投放危险物质罪、以危险方法危害公共安全罪、破坏交通工具罪和破坏交通设施罪等。此外，犯罪的预备行为、未遂行为和中止行为，也都是没有造成法益侵害的实害结果，也是因其具有法益侵害的危险而被处罚。

（二）犯罪客观方面

所谓犯罪客观方面是指犯罪活动的客观外在表现，包括危害行为和危害结果。其中，危害行为是犯罪客观方面的最核心要素。

关于危害行为的特征，可以概括为有体性、有意性和危害性三个方面：

所谓有体性就是指人身体的举动，包括借助于自然界的力量，借助于其他的工具等等，有体性揭示了危害行为的外在特征，其将"思想犯罪"排除在刑法规范的视野之外。所谓有意性就是指行为人在意识或意志支配之下的身体动与静，如果不是意识或意志支配的产物，就不属于刑法意义上的危害行为，不能认定为犯罪行为。例如，夜游症患者在睡梦中的杀人行为，人在不可抗力作用下的举动及身体的本能反应等，不构成犯罪。

所谓危害性，就是指危害行为必须是在客观上侵犯或威胁法益的行为。危害性的这一特征也将迷信犯和绝对不能犯排除在犯罪构成之外。

相关知识

> 所谓迷信犯，就是以为能用迷信的方法致人死亡（例如在布娃娃上刻上某个仇人的生辰八字，每天在这个布娃娃的胸口插上一针，以为七七四十九天之后仇人便会心脏病突发而死），但其实并不能如此。这是一种在思想上有犯罪动机，但并不能构成犯罪结果的行为。从刑法的角度讲，单纯主观上的过错不能成为要受刑罚的根据，所以这并不构成犯罪。

关于危害行为的基本形式，可以概括为作为与不作为两个方面：作为就是积极的举动，体现于外在的积极行为，如开枪杀人、举刀砍人和盗窃财物等，这些都是典型的积极的作为方式；不作为就是表面上看是静止不动的，但正是由于其静止状态，导致了危害后果的发生，根据法律以及有关规定应该对该危害结果负刑事责任就是不作为的犯罪行为。

案例链接

　　甲是某医院的医生，一天晚上值夜班的时候，送来一个病重的患者，要求必须进行及时抢救，否则危及生命。甲对护士打了个招呼，让护士值夜班照看一下，自己等会儿再来。原来甲是足球迷，而当晚有一场重要的足球比赛。甲坐在电视旁看球赛，不知不觉九十分钟过去了，双方踢成平局，半个小时加时赛仍未分出胜负，最后又看了激动人心的点球大战。两三个小时过去之后，甲突然想起还有一个需要处理的急症病人，但此时因为延误了抢救时间，病人已经死亡。

　　在这个案例中，甲对病人的死亡就应承担不作为的刑事责任（医疗事故罪）。

（三）犯罪主体

　　所谓犯罪主体，是指实施危害社会的行为，依法应当负刑事责任的自然人或单位。

　　需要说明的是，并非所有实施危害社会行为的自然人都必然成为犯罪主体，必然受到刑罚的处罚。自然人要成为犯罪主体受到刑罚的处罚，一个必要前提是他要具备刑事责任能力。所谓刑事责任能力，是指刑法规定的行为人具有辨别和控制自己行为，并对行为后果负责任的能力。根据自然人年龄、精神状况等影响刑事责任能力有无和大小的实际情况，刑事责任能力主要分为三类：

　　1.完全无刑事责任能力

　　不满十四周岁的人犯罪，不负刑事责任；不能辨认或不能控制自己行为的精神病人犯罪，不负刑事责任。

知识链接

　　刑事责任年龄的计算，以周岁计算，即已过了周岁生日第二天起算；犯罪行为有持续或连续状态的，就以行为状态结束之时行为人的实际年龄来确定。

　　我国刑法对未成年人相对负刑事责任年龄规定为十四周岁，具有同样规定的国家还有英国、日本、意大利、德国和韩国等，但也有不少国家和地区刑事责任年龄起点较低，如法国为13周岁，印度、加拿大、希腊、荷兰、丹麦、匈牙利为12周岁，墨西哥为9周岁。

　　2.限制刑事责任能力

　　已满十四周岁不满十六周岁的人，犯故意杀人、故意伤害致人重伤或者死亡、强奸、抢劫、贩卖毒品、放火、爆炸、投毒罪的应当负刑事责任；已满75周岁的人犯罪，可从轻或减轻处罚；尚未完全丧失辨认或控制能力的精神障碍者犯罪，可以从轻或减轻处罚；又聋又哑的人或者盲人犯罪的，可以从轻、减轻或免除处罚。

对于间歇性精神病人的刑事责任问题，关键是看其实施犯罪行为时是否属于精神正常状态，如果是正常状态则负完全的刑事责任，如果处于发病期间则以精神病人对待，不负刑事责任。

3. 完全刑事责任能力

已满十六周岁的人犯任何罪，都必须负刑事责任。但犯罪时未满十八周岁的，不适用死刑。

（四）犯罪主观方面

所谓犯罪主观方面，是指犯罪主体对自己的危害行为及其危害结果所持的心理态度。它是一切犯罪都必须具备的构成要件，主要包括故意犯罪和过失犯罪。

根据《刑法》第14条的规定，明知自己的行为会发生危害社会的结果，并且希望或者放任这种结果发生而造成犯罪的，是故意犯罪。

故意犯罪分为直接故意犯罪和间接故意犯罪。直接故意犯罪是指明知自己的行为会发生危害社会的结果，并且希望这种结果发生所构成的一种犯罪；间接故意犯罪是指明知自己的行为可能发生危害社会的结果，并且放任这种结果发生所构成的犯罪。

案例链接

甲贩卖假烟，驾车路过某检查站时，被工商执法部门拦住检查，检查人员乙正登车检查时，甲突然发动汽车夺路而逃，乙抓住汽车车门的把手不放，甲为摆脱乙，在疾驶时突然急刹车，导致乙头部着地身亡。

该案中，甲明知自己的行为会发生危害检查人员的结果，放任这种结果发生，属于故意犯罪。

根据《刑法》第15条的规定，应当预见自己的行为可能发生危害社会的结果，因为疏忽大意而没有预见，或者已经预见而轻信能够避免，以致发生这种结果的，是过失犯罪。

过失犯罪分为过于自信的过失犯罪和疏忽大意的过失犯罪。所谓过于自信的过失犯罪，是指已经预见到自己的行为可能发生危害社会的结果，但轻信能够避免，以致发生这种结果的一种犯罪。疏忽大意的过失犯罪，是指行为人应当预见到自己的行为可能发生危害社会的结果，但因为疏忽大意而没有预见，以致发生这种结果的一种犯罪。

案例链接

张某准备烧荒来整理自己刚承包的山地。他将山上的荒草伐倒堆成堆，用打火机将柴草点燃，为了防止失火，张某事先设了约六米宽的防火带，但因天气干燥，火势迅速蔓延到附近的山林，虽奋力扑救，但仍然引起了森林火灾。案发后张某自动投案并如实供述了自己的犯罪事实。

本案中，张某已经预见到自己的行为可能发生危害的结果，但轻信能够避免，以致发生这种结果，属于过于自信的过失犯罪。

故意犯罪和过失犯罪在犯罪人的主观方面存在着本质的区别：故意犯罪是明知故犯，其主观恶意较大，故意犯罪应当负刑事责任；过失犯罪是行为人不希望危害结果的发生，但由于过于自信或疏忽大意而引起了危害结果，其主观恶意较小。根据《刑法》第15条规定，过失犯罪，法律有规定的才负刑事责任。刑法对故意犯罪规定的刑罚要比过失犯罪规定的刑罚重，但是也不能轻视过失犯罪的严重后果。

知识链接

行为在客观上虽然造成了损害结果，但是不是出于故意或者过失，而是由于不能抗拒或者不能预见的原因所引起的，不是犯罪。

三、犯罪违法阻却事由

犯罪违法阻却事由是指排除符合构成要件的行为的违法性的事由。

在我国，一个行为要构成犯罪，一般来说需要从正、反两方面评价：从正面看，犯罪成立的条件是构成要件的符合性、行为的违法性和有责性；从反面看，在具有特别理由、根据的情况下，也可能否认符合构成要件行为的违法性。这些否认符合构成要件行为违法性的事由在刑法领域主要有正当防卫和紧急避险两种。

（一）正当防卫

根据《刑法》第20条的规定，为了使国家、公共利益、本人或者他人的人身、财产和其他权利免受正在进行的不法侵害，而采取的制止不法侵害的行为，对不法侵害人造成损害的，属于正当防卫，不负刑事责任。我国刑法规定正当防卫的目的，在于鼓励和支持公民与违法犯罪作斗争，保护国家和个人的利益。

正当防卫成立的条件如下：

1. 起因条件：有现实的不法侵害发生。不法侵害常常是犯罪行为，但也不排除违法行为。

2. 时间条件：不法侵害正在进行而尚未结束。

3. 主观条件：具有防卫意图。保护的合法权益既可以是自己的也可以是他人的。

4. 对象条件：针对不法侵害者本人。对不法侵害者的防卫打击常常是针对其人身权的，但也不排除对财产权的打击。

5. 限度条件：没有明显超限并造成重大损害。防卫过当造成的重大损害，一般为过失，成立具体的过失犯罪，但也不排除间接故意下成立的故意犯罪。

案例链接

张某的次子乙，平时经常因琐事滋事生非，无端打骂张某。一日，乙与其妻发生争吵，张某过来劝说，乙转而辱骂张某并将其踢倒在地，并掏出身上的水果刀欲刺张某。张某起身逃跑，乙随后紧追，张某的长子甲见状，随手从门口拿起扁担，朝乙的颈部打了一下，将乙打昏在地上，张某顺手拿起地上的石头，转身回来朝乙的头部猛砸数下致乙死亡。

根据正当防卫的构成条件，甲属于正当防卫，张某不属于正当防卫。

知识链接

对正在进行的行凶、杀人、抢劫、强奸、绑架以及其他严重危及人身安全的暴力犯罪，采取防卫行为造成不法侵害人伤亡的，不属于防卫过当，不负刑事责任。

（二）紧急避险

根据《刑法》第21条的规定，为了使国家、公共利益、本人或者他人的人身、财产和其他权利免受正在发生的危险，不得已采取的紧急避险行为，造成损害的，不负刑事责任。

紧急避险虽然造成了一定合法权益的损害，但其却因此而有效地保护了更大的合法权益，不仅不承担刑事责任，而且应当受到鼓励和支持。紧急避险必须同时具备下列条件：

1. 起因条件：合法权益面临现实危险。关于避免本人危险的规定，不适用于职务上、业务上负有特定责任的人，如警察、消防员的公务行为。

2. 时间条件：危险正在发生且尚未消除。

3. 对象条件：损害的是无辜第三者的合法权益。

4.主观条件：具有避险意图。既可以是为保全本人的合法权益，也可以是保全他人、社会及国家的权益。

5.限制条件：不得已而为之、别无他法。紧急避险只有在没有其他合法方法或者其他方法造成的损害更重时，才允许。

6.限度条件：没有超过必要限度。生命权要大于健康权，健康权要大于财产权，财产权之间可以进行价值的比较。

案例链接

　　甲遭到乙追杀，情急之下夺过丙的摩托车骑上就跑，丙被摔骨折，乙开车继续追杀，甲为逃命飞身跳下疾驶的摩托车奔入树林，丙1万元的摩托车被毁。

　　根据紧急避险的条件，甲的行为构成紧急避险，其行为不构成犯罪，不需要受到刑事处罚。

知识链接

　　紧急避险超过必要限度造成不应有的损害的，应当负刑事责任，但是应当减轻或者免除处罚。

四、刑法常见罪名

（一）故意杀人罪

故意杀人罪是指故意非法剥夺他人生命权利的行为，属于侵犯公民人身民主权利罪的一种，是我国刑法中性质最恶劣的少数犯罪之一。

案例链接

复旦大学投毒案始末

● 2013年4月1日，复旦大学2010级在读医科研究生黄洋身体出现不适，当晚被送至该校附属中山医院就诊。入院后，病情加重，先后出现昏迷、肝功能衰竭等症状。医院组织了多次全市专家会诊，未发现病因。

● 2013 年 4 月 9 日，黄洋的师兄孙某收到神秘短信提醒注意一种化学药物，促使事件出现重要进展。黄洋的中毒终于确定毒源，但已中毒太深。神秘短信在一审庭审时被证实是黄洋的室友葛某发的。

● 2013 年 4 月 11 日，上海警方通报，在黄洋寝室饮水机残留水中检测出某有毒化合物成分。上海警方经现场勘查和调查走访，锁定黄洋同寝室同学林森浩有重大作案嫌疑。当晚依法对林森浩实施刑事传唤。4 月 12 日，林森浩被警方依法刑事拘留。

● 2013 年 4 月 16 日，黄洋终不治身亡。黄洋去世后，其父母明确同意警方进行尸检，尸检于 4 月 17 日进行，尸检结果成为重要的案件证据。

● 2013 年 4 月 25 日，上海市黄浦区人民检察院以涉嫌故意杀人罪批准逮捕黄洋的室友林森浩。

● 2013 年 10 月 30 日，上海市第二中级人民法院通过官方微博透露，上海市第二中级人民法院立案受理了上海市人民检察院第二分院提起公诉的被告人林森浩涉嫌以投毒方式故意杀人案。

● 2013 年 11 月 27 日，上海市第二中级人民法院开庭审理此案。

● 2014 年 2 月 18 日，上海市第二中级人民法院一审以故意杀人罪判处林森浩死刑，剥夺政治权利终身。林森浩不服一审判决，提出上诉。

● 2014 年 12 月 8 日，上海市高级人民法院二审开庭审理此案。

● 2015 年 1 月 8 日上午，上海高院对林森浩涉嫌故意杀人案进行了公开宣判，裁定驳回林森浩的上诉，维持一审法院作出的死刑判决，并依法报请最高法院核准。

故意杀人罪的客观行为，既包括积极作为的方式，如刀砍、枪击、下毒等，也包括消极不作为的方式，如妇女故意不给自己亲生的残疾婴儿喂奶，而将其活活饿死；负有营救落水儿童职责的保育员，有能力救助落水儿童而坐视不救，致使儿童死亡等。

根据《刑法》第 232 条的规定，故意杀人的，处死刑、无期徒刑或者十年以上有期徒刑；情节较轻的，处三年以上十年以下有期徒刑。

知识链接

安乐死指对无法救治的病人停止治疗或使用药物，让病人无痛苦地死去。它包括两层含义，一是安乐地无痛苦死亡；二是无痛致死术。

当前，在我国刑事法律尚未将安乐死明确规定为正当行为的情况下，以积极的方式促使他人安乐死的，一般以故意杀人罪论处。

（二）故意伤害罪

故意伤害罪是指故意非法损害他人身体，且造成他人人身一定程度的损害（轻伤以上的伤害）的行为。

案例链接

岳父为解决夫妻纠纷被女婿砍伤

沈某与钟某是一对80后夫妻，2013年6月，两夫妻又发生口角，钟某一气之下搬回娘家居住并表示要和丈夫离婚。沈某不但不规劝，反而将妻子的陪嫁送回娘家。岳父母为了化解两人矛盾，请村干部上门调解纠纷。沈某却认为岳父母是想为女儿出气，心生不满。话还没说两句，小两口又争吵起来，岳父本想上前阻止沈某殴打女儿，情绪激动的沈某在混乱中抽出一把菜刀砍伤岳父肩部。

事发后，沈某逃往北京某地，公安局接到报案后对沈某进行网上追捕。2013年8月，沈某投案自首，对其持刀伤人事实供认不讳。

法院经审理认为，被告人沈某故意伤害他人身体健康，致人轻伤，其行为构成故意伤害罪，考虑自首情节，从轻处罚。判处沈某有期徒刑8个月，缓刑1年。

故意伤害罪侵犯的法益是他人的健康权，即致使他人的身体健康遭受实质的损害。其具体表现为两个方面：一是破坏他人身体组织的完整性，如砍伤手指、刺破肝脏等；二是虽然不破坏身体组织的完整性，但使身体某一器官机能受到损害或者丧失，如视力、听力降低或者丧失，精神错乱等。

根据《刑法》第234条的规定，故意伤害他人身体的，处三年以下有期徒刑、拘役或者管制；致人重伤的，处三年以上十年以下有期徒刑；致人死亡或者以特别残忍手段致人重伤造成严重残疾的，处十年以上有期徒刑、无期徒刑或者死刑。

知识链接

区分故意伤害罪与故意杀人罪的界限，关键看行为人在主观上是否具有杀人的故意。如果出于剥夺他人生命的故意，结果造成他人伤害的，行为人主观上对此后果是很懊恼的，应构成故意杀人罪未遂；如果是出于伤害他人的故意，但伤害行为造成他人死亡，死亡的结果出现也是行为人所不愿意看到的、意料之外的，应构成故意伤害罪。

（三）抢劫罪

抢劫罪是指以非法占有为目的，对财物的所有人、保管人当场使用暴力、胁迫或其他方法，强行将公私财物抢走的行为。凡年满十四周岁并具有刑事责任能力的自然人，均可以成为抢劫罪的主体。

案例链接

深圳八人设计抓小偷扔珠江溺亡

2013年9月30日，被告人刘某的钱包在深圳宝安松岗文化广场被人偷走，被告人封某、宋某、白某等人商议，决定让刘某再次去事发地点，故意把钱包放在身边，引诱他人过来偷窃，以便将其抓住。

2013年10月1日15时许，刘某按照事前商量运作，同时，被告人封某叫来被告人宋某、白某、瞿某、阮某等人在旁边密切注视。17时许，被害人周某行至此处将刘某的钱包拿走，封某等八人立即将其控制住，并将其带至光明新区某精品酒店一房间内。八人对被害人周某进行殴打，以达到让其"赔偿"的目的。周某被迫将身上的两张银行卡交出，并说出银行卡密码。封某安排宋某、白某到银行自助取款机取款，从卡中取出人民币22000元。

2013年10月2日凌晨2时许，几人发现周某不动了，以为其已经死亡，决定抛尸。2013年10月8日，周某的尸体在东莞市虎门镇威远北面社区闲情湾海边被发现。经法医鉴定，被害人符合溺水死亡。

本案中，上述八人的行为符合抢劫罪的构成要件，其行为构成抢劫罪。

抢劫罪的暴力是指对被害人的身体实施打击或强制，借以排除被害人的反抗，从而劫取他人财物的行为；抢劫罪的"其他方法"是指行为人除实施暴力、胁迫方法以外的，使被害人不知反抗或不能反抗的方法。

根据《刑法》第263条的规定，以暴力、胁迫或其他方法抢劫公私财物的，处三年以上十年以下有期徒刑，并处罚金。有下列情形之一的，处十年以上有期徒刑、无期徒刑或者死刑，并处罚金或者没收财产：入户抢劫的；在公共交通工具上抢劫的；抢劫银行或者其他金融机构的；多次抢劫或者抢劫数额巨大的；抢劫致人重伤、死亡的；冒充军警人员抢劫的；持枪抢劫的；抢劫军用物资或者抢险救灾救济物资的。

知识链接

1. 入户抢劫的"户"是指住所，其特征表现为供他人家庭生活和与外界相对隔离两个方面。它包括封闭的院落、牧民的帐篷、渔民作为家庭生活场所的渔船、为生活租用的房屋等。一般情况下，集体宿舍、旅游宾馆、临时搭建工棚等，不应认定为"户"，但在特定情况下，如果确实具有上述两个特征，也可以认定为"户"。

2. 多次抢劫是指在不同时间、不同地点实施抢劫三次以上的情形，对于"多次"的认定，应以行为人实施的每一次抢劫行为均已构成犯罪为前提。

3. 抢劫数额巨大，应参照各地确定的盗窃数额巨大的认定标准执行，其确定的范围是 3 万元至 10 万元以上。

（四）盗窃罪

盗窃罪是指以秘密窃取的方法，将他人公私财物转移到自己或者第三人的控制之下而非法占有的行为。

案例链接

现年 19 岁的王某趁邻居上夜班，偷偷潜入邻居家想偷一些现金，但翻找了很久始终没有找到，最后他悻悻地离开。

现年 21 岁的李某第一次出去盗窃，他担心被受害人发现遭到殴打，特地随身带了一把匕首防身，由于是第一次盗窃，李某仅偷了 100 多元。

现年 27 岁的张某在车站候车，见一位乘客随身所带的行礼包破损，张某顺手将这位乘客的钱包抽出，事后他翻看钱包，钱包里只有十几元钱。

根据盗窃罪的法律构成要件，上述三个案例中的王某、李某和张某均构成盗窃罪。

盗窃罪的对象是他人的财物，既包括他人所有并占有的财物，也包括虽不为他人所有但占有的财物。

盗窃罪的行为方式是秘密窃取，该秘密窃取行为是针对财物所有人、保管人及其持有人而言的，至于其他在场的人都发觉了也不影响盗窃罪的构成。秘密窃取中的"秘密"具有相对性和主观性，即行为人采用自认为不被他人发觉的方法占有他人财物，即使客观上已被他人发觉或者注视，也不影响盗窃行为的性质。

根据《刑法》第 264 条的规定，盗窃公私财物，数额较大的，或者多次盗窃、入户盗窃、携带凶器盗窃、扒窃的，处三年以下有期徒刑、拘役或者管制，并处或者单处罚金；数额巨大或者有其他严重情节的，处三年以上、十年以下有期徒刑，并处罚金；数额特别巨大或者有其他特别严重情节的，处十年以上有期徒刑或者无期徒刑，并处罚金或者没收财产。

知识链接

1. 两年内盗窃三次以上的，应当认定为"多次盗窃"。

2. 非法进入供他人家庭生活、与外界相对隔离的住所盗窃的，应当认定为"入户盗窃"。

3. 携带枪支、爆炸物、管制刀具等国家禁止个人携带的器械盗窃，或者为了实施违法犯罪携带其他足以危害他人人身安全器械盗窃的，应当认定为"携带凶器盗窃"。

4. 在公共场所或者公共交通工具上盗窃他人随身携带财物的，应当认定为"扒窃"。

5. 盗窃公私财物价值1000元至3000元以上、3万元至10万元以上、30万元至50万元以上的，应当分别认定为《刑法》第264条规定的"数额较大""数额巨大""数额特别巨大"。

（五）诈骗罪

诈骗罪是指以虚构事实、隐瞒真相的方法，骗取数额较大公私财物的行为。

案例链接

甲在某银行的存折上有4万元存款，某天甲将存款全部取出，但由于银行职员乙工作失误，未将存折底卡销毁。半年后甲又去该银行办理存储业务，乙对甲说："你的4万元存款已到期。"甲听后灵机一动，对乙谎称存折丢失，乙为甲办理了挂失手续，甲取走4万元。

甲的行为符合诈骗罪的法律构成要件，其行为构成诈骗罪。

诈骗罪的行为方式包括虚构事实和隐瞒真相两类。所谓虚构事实，即编造某种根本不存在的或不可能发生的，足以使他人受到蒙蔽的事实而骗取他人的财物；所谓隐瞒真相，即行为人应当告知对方某种事实而故意不告知，使得对方在受蒙蔽的情况下"自愿"将财物交与行为人，以实现占有对方财物的目的。

诈骗罪具有特殊的行为结构或者行为方式：行为人以非法占有为目的而实施欺诈行为→致使对方产生错误认识→对方基于错误认识而处分财产→行为人取得财产→被害人财产权受到损害。

根据《刑法》第266条的规定，诈骗公私财物，数额较大的，处三年以下有期徒刑、拘役或者管制，并处或者单处罚金；数额巨大或者有其他严重情节的，处三年以上十年以下有期徒刑，并处罚金；数额特别巨大或者有其他特别严重情节的，处十年以上有期徒刑或者无期徒刑，并处罚金或者没收财产。

知识链接

> 《关于办理诈骗刑事案件具体应用法律若干问题的解释》规定，诈骗公私财物价值3000元至1万元以上的，属于"数额较大"；3万元至10万元以上的，属于"数额巨大"；50万元以上的属于"数额特别巨大"。

第三节　刑罚

刑罚是指刑法规定的，由人民法院依法对犯罪人适用的制裁措施。刑罚是最严厉的制裁方法，不仅可以没收犯罪分子的财产，而且还可以剥夺其政治权利、人身自由甚至剥夺其生命。刑罚的严厉性是其区别于其他法律制裁方法的主要特征。

刑罚分为主刑和附加刑。对犯罪分子的人身权利方面的剥夺或限制为主刑，而以人身权利之外的其他权利如财产权、资格等为内容属于附加刑。主刑有管制、拘役、有期徒刑、无期徒刑、死刑；附加刑有罚金、剥夺政治权利、没收财产。对于犯罪的外国人可以独立适用或者附加适用驱逐出境。主刑只能独立适用，而附加刑既可以独立适用，也可附加于主刑适用。

一、主刑

（一）管制

管制作为一种限制人身自由的刑罚，是指对犯罪分子实行不关押，而是在社区矫正机关和人民群众的监督下进行改造。管制期限为三个月以上两年以下，数罪并罚不得超过三年。

根据《刑法》第 39 条的规定，被判处管制的犯罪分子，在执行期间，应当遵守下列规定：遵守法律、行政法规，服从监督；未经执行机关批准，不得行使言论、出版、集会、结社、游行、示威自由的权利；按照执行机关规定报告自己的活动情况；遵守执行机关关于会客的规定；离开所居住的市、县或者迁居，应当报经执行机关批准。被判处管制的犯罪分子在劳动中应当同工同酬。

知识链接

管制的刑期，从判决执行之日起计算；判决执行以前先行羁押的，羁押一日折抵刑期两日。

（二）拘役

拘役是短期剥夺犯罪分子人身自由的一种刑罚，拘役的期限为一个月以上六个月以下，数罪并罚的拘役最高不能超过一年。拘役的刑期，从判决执行之日起计算，判决执行以前先行羁押的，羁押一日折抵刑期一日。

根据《刑法》第 43 条的规定，被判处拘役的犯罪分子，由公安机关就近执行。在执行期间，被判处拘役的犯罪分子每月可以回家 1 天至 2 天；参加劳动的可以酌量发给报酬。

知识链接

据资料显示，在中国，每年有近 10 万人被车祸夺去生命，而其中 60% 的车祸都是由于醉酒驾驶引起的。特别是近年来，全国范围内酒后驾车事故数及死伤人数上升较快。根据《刑法》第 133 条之一第一款规定：在道路上驾驶机动车追逐竞驶，情节恶劣的，或者在道路上醉酒驾驶机动车的，处拘役，并处罚金。

（三）有期徒刑

有期徒刑是在一定期限内剥夺犯罪分子的人身自由，并监禁于一定场所的刑罚。

有期徒刑的期限各国规定不一。我国《刑法》第 69 条规定：判决宣告以前一人犯数罪的，除判处死刑和无期徒刑的以外，应当在总和刑期以下、数刑中最高刑期以上，酌情决定执行的刑期，但是管制最高不能超过三年，拘役最高不能超过一年，有期徒刑总和刑期不满 35 年的，最高不能超过 20 年，总和刑期在 35 年以上的，最高不能超过 25 年。

根据《刑法》第 72 条的规定，对于被判处拘役、三年以下有期徒刑的犯罪分子，根据犯罪分子的犯罪情节和悔罪表现，适用缓刑确实不致再危害社会的，可以宣告缓刑。

对其中不满 18 周岁的人、怀孕的妇女和已满 75 周岁的人，应当宣告缓刑。宣告缓刑期限为原判刑期以上、五年以下，但不能少于一年。

被判处有期徒刑的犯罪分子，执行原判刑期二分之一以上，被判处无期徒刑的犯罪分子，已实际执行 13 年以上，如果认真遵守监规，接受教育改造，确有悔改表现，没有再犯罪的危险的，可以假释。如果有特殊情况，经最高人民法院核准，可以不受上述执行期限的限制。有期徒刑的假释考验期限为没有执行完毕的刑期；无期徒刑的假释考验期限为十年；对累犯以及因故意杀人、强奸、抢劫、绑架、放火、爆炸、投放危险物质或者有组织的暴力性犯罪，被判处十年以上有期徒刑、无期徒刑的犯罪分子，不得假释。

📁 **知识链接**

> 根据《刑法》第 46 条的规定，被判处有期徒刑的犯罪分子，在监狱或者其他执行场所执行。"其他执行场所"，是指少年犯管教所、拘役所等。凡是被判处有期徒刑的罪犯，有劳动能力的，都应当参加劳动，接受教育和改造。

（四）无期徒刑

无期徒刑是剥夺犯罪分子终身自由，并强制劳动改造的刑罚。无期徒刑的刑期，从判决宣判之日起计算，判决宣判前先行羁押的日期不能折抵刑期，无期徒刑减为有期徒刑后，执行有期徒刑，先行羁押的日期也不予折抵刑期。

被判处无期徒刑的犯罪分子，符合法定条件，可以予以减刑或假释。

我国《刑法》第 78 条规定，被判处无期徒刑的犯罪分子，在执行期间，如果认真遵守监规，接受教育改造，确有悔改表现的，或者有立功表现的，可以减刑。

有下列重大立功表现之一的，应当减刑：阻止他人重大犯罪活动的；检举监狱内重大犯罪活动，经查属实的；有发明创造或者重大技术革新的；在日常生产生活中舍己救人的；在抗御自然灾害或者排除重大事故中，有突出表现的；对国家和社会有其他重大贡献的。

减刑以后无期徒刑的实际执行期限不能少于 13 年。

📁 **知识链接**

> **无期徒刑与终身监禁的区别**
>
> 无期徒刑是不确定关押年限的剥夺人身自由刑罚，这是我国的基本刑罚，属于相对终身剥夺人身自由的刑罚。除了死在监狱的罪犯，我国还没有真正把某个人永久关押的现实案例。

终身监禁是确定关押条件（至罪犯死亡为止）的剥夺人身自由刑罚，是英美法系刑法中监禁刑的一种。终身监禁存在两种形式，一种是可以假释的终身监禁，一种是终身不得假释的终身监禁。

无期与终身不能画等号，无期到有期是一个自然过程，只要罪犯不出现在监狱故意犯罪等抗拒监管的行为，可以在一定年限后自然变更为有期徒刑。可假释的终身监禁必须通过假释审查，这样的审查有可能永远不通过，审查委员会的主观性较强。

（五）死刑

死刑是剥夺犯罪分子生命的刑罚，是最严厉的一种刑罚。

我国刑法对死刑的适用作了严格的限制，只适用于罪行极其严重的犯罪分子。犯罪的时候不满 18 周岁的人和审判时怀孕的妇女，不适用死刑。审判的时候已满 75 周岁的人，不适用死刑，但以特别残忍手段致人死亡的除外。

对于应当判处死刑的犯罪分子，如果不是必须立即执行的，可以在判处死刑的同时宣告缓期两年执行。根据《刑法》第 50 条的规定，死刑缓期执行的，在死刑缓期执行期间，如果没有故意犯罪，二年期满以后，减为无期徒刑；如果确有重大立功表现，二年期满以后，减为 25 年有期徒刑；如果故意犯罪，查证属实的，由最高人民法院核准，执行死刑。

知识链接

死刑的核准程序

中级人民法院判处死刑的第一审案件，被告人不上诉的，应当由高级人民法院复核后，报请最高人民法院核准。高级人民法院不同意判处死刑的，可以提审或者发回重新审判。

高级人民法院判处死刑的第一审案件被告人不上诉的，以及判处死刑的第二审案件，都应当报请最高人民法院核准。

二、附加刑

（一）罚金

罚金是指人民法院判处犯罪分子或者犯罪的单位向国家缴纳一定金钱的刑罚，罚金作为一种财产刑，是以剥夺犯罪分子金钱为内容的。

罚金的适用对象是经济犯罪、财产犯罪和某些故意犯罪，我国刑法规定，判处罚金应当根据犯罪情节决定罚金数额，对于未成年人犯罪应当从轻或者减轻判处罚金，但罚金的最低数额不能少于 500 元。

《刑法》第 53 条规定，罚金在判决指定的期限内一次或分期缴纳，期满不缴纳的强制缴纳，对于不能全部缴纳罚金的人，人民法院在任何时候发现被执行人有可以执行的财产，应当随时追缴，如果由于遭遇不可抗拒的灾害缴纳确实有困难的，可以酌情减少或者免除。

（二）没收财产

没收财产是将犯罪分子个人所有财产的一部或者全部强制无偿地收归国有的一种刑罚。

没收财产刑的适用对象主要包括危害国家安全罪、经济犯罪和贪利性的犯罪。

根据《刑法》第 59 条的规定，没收财产的范围是犯罪分子个人所有财产的一部或者全部。至于没收财产是一部还是全部，应考虑以下几个因素：犯罪分子所处主刑的轻重，其家庭的经济状况和其人身危险性大小。

所谓犯罪分子个人所有财产，是指属于犯罪分子本人实际所有的财产及与他人共有财产中依法应得的份额。应当严格区分犯罪分子个人所有财产与其家属或者他人财产的界限，只有依法确定为犯罪分子个人所有的财产，才能予以没收；适用没收财产时应当对犯罪分子个人及其扶养、抚养的家属保留必需的生活费用，以维持犯罪分子个人和扶养、抚养的家属的生活；在判处没收财产的时候，不得没收属于犯罪分子家属所有或者应有的财产。

根据刑事诉讼法的规定，没收财产的判决，无论附加适用或者独立适用，都由人民法院执行；在必要的时候，可以会同公安机关执行。

知识链接

罚金与没收财产的差别

罚金的数额由犯罪情节决定，犯罪分子缴纳罚金，可一次缴纳或者分期缴纳，对于不能全部缴纳的罚金，人民法院在任何时候发现犯罪人有可以执行的财产，随时可以追缴。如果被判处罚金，在遭遇到不能抗拒的灾祸，缴纳罚金确有困难时，可以向人民法院申请减少或者免除。

没收财产是指将犯罪人个人所有的财物、现金、债权等财产全部或部分收归国有，不能涉及犯罪人以外他人的财产；没收全部财产的，还应当为犯罪分子个人及其扶养、抚养的家属及子女留下必要的生活费用；对犯罪人在没收财产前的正当债务，经债权人申请还应当归还。

（三）剥夺政治权利

剥夺政治权利是指剥夺犯罪人参加国家管理和政治活动权利的一种刑罚。作为一种资格刑，剥夺政治权利既可以附加适用，也可以独立适用。

剥夺政治权利包括剥夺以下四项权利：担任国家机关职务的权利；担任国有公司、企业、事业单位和人民团体领导职务的权利；选举权和被选举权；言论、出版、集会、结社、游行、示威自由的权利。

剥夺政治权利的期限，除独立适用的以外，依所附加的主刑不同而有所不同。根据《刑法》第 55 条至 58 条的规定，剥夺政治权利的期限有定期与终身之分，包括以下几种情况：

（1）判处管制附加剥夺政治权利，剥夺政治权利的期限与管制的期限相等，同时执行。

（2）判处拘役、有期徒刑附加剥夺政治权利或者单处剥夺政治权利的期限，为 1 年以上 5 年以下。

（3）判处死刑、无期徒刑的犯罪分子，应当剥夺政治权利终身。

（4）死刑缓期执行或者无期徒刑减为有期徒刑的，附加剥夺政治权利的期限改为 3 年以上 10 年以下。

（5）因数罪并罚均被判处剥夺政治权利的，合并执行。

知识链接

剥夺政治权利刑期的计算方法

1. 独立适用剥夺政治权利的，其刑期从判决确定之日起计算并执行。

2. 判处管制附加剥夺政治权利的，剥夺政治权利的期限与管制的期限相等，同时起算，同时执行。

3. 判处有期徒刑、拘役附加剥夺政治权利的，剥夺政治权利的刑期从有期徒刑、拘役执行完毕之日或者从假释之日起计算。但是，剥夺政治权利的效力施用于主刑执行期间。也就是说，主刑的执行期间虽然不计入剥夺政治权利的刑期，但犯罪分子不享有政治权利。如果被判有期徒刑、拘役未附加剥夺政治权利，犯罪分子在服主刑期间享有政治权利，准予其行使选举权，但其他政治权利的行使受到限制。

4. 判处死刑（包括死缓）、无期徒刑附加剥夺政治权利终身的，刑期从判决发生法律效力之日起计算。

（四）驱逐出境

驱逐出境是指强迫犯罪的外国人离开中国境内的一种刑罚。

我国是一个独立的主权国家，在我国境内的一切外国人都必须遵守我国的法律。如果犯罪的外国人继续居留在我国的境内有害于我们国家和人民的利益，人民法院可以对其单独判处或者附加判处驱逐出境，以消除其在我国境内继续犯罪的可能性。

驱逐出境只适用于不具有中国国籍的，但在我国领域内犯罪的外国公民和无国籍公民。需要说明的是，外国公民和无国籍公民在我国领域内犯罪，并不必然适用驱逐出境的刑罚。驱逐出境在我国适用方式比较灵活。刑法规定是可以适用，而不是应当适用。这即是说，对犯罪的外国人不一定要适用驱逐出境，而是不仅要根据案情，考虑犯罪的事实、性质、情节等因素，而且还要考虑我国与所在国的关系以及国际斗争的需要加以决定。

三、追诉时效

追诉时效是指依法对犯罪分子追究刑事责任的期限，超过这个期限，都不得再追究犯罪分子的刑事责任；已经追究的，应当撤销案件，或者不予起诉，或者终止审理。

追诉时效不受限制的法定情形有三种：案件已经立案或受理而逃避侦查与审判的；被害人在追诉时效内已经提出控告的；最高人民检察院对最高刑为无期徒刑、死刑，认为20年之后仍需要追诉的而核准不受追诉时效限制的。

案例链接

2003年秋到2004年冬，被告人刘某先后入室盗窃多次，盗窃财物价值约计10万元。2006年7月30日，他在被公安机关传唤期间趁工作人员不备逃跑；2014年9月，刘某被抓获。

刘某的行为属于追诉时效不受限制的法定情形，其行为应受到刑事责任的追究。

根据《刑法》第87条的规定，追诉时效的设置具有档次性，即以法定最高刑为基础而分为5年、10年、15年和20年四个档次：

法定刑最高刑不满5年的，追诉时效为5年；

法定最高刑5年以上不满10年的，追诉时效为10年；

法定刑最高刑10年以上的，追诉时效为15年；

法定最高刑为无期徒刑、死刑的，追诉时效为20年。

相关知识

1. 追诉时效的计算应当从"犯罪之日"起计算，犯罪行为如果有连续或者继续状态的，应当从犯罪行为"终了之日"起计算。

2. 《刑法》中所称"以上""以下""以内"包括本数；"不满"不包括本数。

四、刑罚的其他规定

针对作为犯罪主体中的特殊群体——未成年人，《刑法》和其他法律中还有许多特别的刑罚规定：

未成年人涉嫌侵犯人身权利、民主权利，侵犯财产，妨害社会管理秩序犯罪，可能判处一年有期徒刑以下的刑罚，符合起诉条件，但有悔罪表现的，人民检察院可以作出附条件不起诉的决定。人民检察院对被附条件不起诉的未成年犯罪嫌疑人进行监督考察。监督考察的期限为六个月以上一年以下，从人民检察院作出附条件不起诉的决定之日起计算。

已满十四周岁不满十八周岁的人犯罪应当从轻或者减轻处罚。

未成年人因不满十六周岁不予刑事处罚的，责令其父母或其他监护人严加管教，在必要时也可以由政府依法收容、教养。成年人在被收容教养期间，执行机关应当保证其继续接受文化知识、法律知识或职业技术教育，对没有完成义务教育的未成年人，执行机关应当保证其继续接受义务教育，解除收容教养的未成年人，在复学、升学、就业等方面与其他未成年人享有同等权利，任何单位和个人不得歧视。

人民法院审判未成年人犯罪的刑事案件，应当由熟悉未成年人身心特点的审判员或者审判员和人民陪审员依法组成少年法庭进行审理，已满14周岁不满16周岁未成年人犯罪的案件，一律不公开审理。对于已满16周岁不满18周岁未成年人犯罪的案件，一般也不公开审理。对于未成年人犯罪案件，新闻报道、影视节目、公开出版物不得披露该未成年人的姓名、住所、照片及可能推断出该未成年人的资料。

体验与践行

一、将班级内学生分成几个小组，每个小组独立制作一份有关青少年犯罪的调查报告，调查报告的重点是青少年犯罪的形势和构成青少年犯罪的原因。社会调查报告的时间以两个周为限。完成后，每个小组选择一名代表，在班内发言。

二、有条件的地区，可以组织学生参观一下当地的看守所或监狱，这是最好的法制教育课堂。

依法行政，建设法治政府

学习目标

1. 了解行政法和行政法律关系、行政机关和公务员的相关知识；
2. 熟悉行政许可行为、行政强制行为和行政赔偿的法律规定；
3. 掌握行政处罚和行政复议的法律规定。

案例导入

田某经营的金鑫商店想零售香烟，便向其所在县县烟草专卖局提出烟草专卖零售许可申请，县烟草专卖局一直没有答复，后田某又多次申请，烟草专卖局均未答复。2013 年 1 月 1 日，该县县政府为扶持本县的烟酒行业，制定发布了《禁止本县烟酒专卖商跨地区批发购销烟酒的有关规定》。田某于 2013 年 4 月 18 日购进 50 条外地香烟进行销售。县烟草专卖局得到举报后到金鑫商店进行检查，检查中未出示检查证件，即以违法经营和跨地区销售为由，当场查扣仍未销售香烟 35 条，并处罚款 4200 元，处罚后未向田某出具罚没清单，也未向田某出具正式处罚单据。田某当场提出异议，被烟草专卖局工作人员制止，当田某再次辩解时，两名烟草专卖局工作人员对田某大打出手，造成田某头部轻微伤。

思 考

1. 田某在未取得烟草专卖零售许可的情况下经营香烟，是否合法？
2. 该案例中涉及的行政行为有哪些？
3. 对受到的损害，田某可选择的法律救济途径有哪些？

良好的秩序和安定的环境是社会发展的前提。为了保证社会各项事业的有序发展，需要政府对社会事务进行统筹管理。政府管理是通过设立行政机关，并由行政机关中的工作人员具体实施的。行政机关是社会的管理者，拥有管理职权，社会中的公民、法人和其他组织是被管理者。拥有国家权力的管理者在管理过程中有时会滥用权力，侵害被管理者的权益。为了规范管理行为、限制管理权力、保护被管理者的利益，国家通过制定行政法律，保证行政机关依法行政，努力建设法治政府。

第一节　行政法概述

有人说，我们现在生活在"行政国家"里，国家几乎渗透我们生活的方方面面。从一个人的出生到死亡，处处有政府的影子。政府参与管理社会诸多事务，不仅能使社会有序运行，保持良好状态，更能使社会成员从中受惠。但是，政府管理在带来秩序和安定的同时，也伴生了官僚主义和权力寻租，滋生

名人名言

如果行政权力的膨胀是现代社会不可避免的宿命，那么为了取得社会的平衡，一方面必须让政治充分反映民众的意愿，另一方面在法的体系中应该最大限度地尊重个人的主体性，使他们能够与过分膨胀的行政权力相抗衡。

——［日］棚濑孝雄

腐败，严重侵害人民的权益。为了维护人民权益，现代法治国家都是通过制定法律来约束政府行为，调整政府在管理服务社会过程中产生的各种关系，这类法律就是行政法。

知识链接

权力寻租概念源于经济学中一个解释特定腐败现象的重要理论，即寻租理论。该理论是指握有公权者以权力为筹码获取自身经济利益的一种非生产性活动。权力寻租是把权力商品化，或曰以权力为资本，去参与商品交换和市场竞争，谋取金钱和物质利益。权力寻租所带来的利益，成为权力腐败的原动力。

一、行政法

行政法是调整因行政主体行使行政职权而产生的特定社会关系的法律规范的总称。

行政法是国家重要的独立的法律部门，由各种法律规范和原则构成，而这一系列的法律规范和原则又是通过各种各样的法律形式表现出来，这就是行政法的法律渊源。行政法的调整范围也是极其广泛的，包括公安、教育、民政、劳动管理、社会保障、土地管理、城乡规划、计划生育、工商、税务、海关、边防、金融、证券交易等，足有几十个领域。

二、行政法的基本原则

行政法条文背后体现的行政法的基本精神构成了行政法的基本原则。行政法的基本原则是相对稳定的，它贯穿行政立法、执法、司法和法制监督的全过程，指导行政法的制定、修改和废止，对于人们形成正确的行政法律意识和促进行政法学理论的发展具有重要意义。

（一）合法性原则

合法性原则是行政法的首要原则，它要求任何行政法律关系主体都必须严格遵守执行行政法律规定。一切行政活动都必须以法律为依据，任何行政法律关系主体不得享有法外特权，越权行为是无效行为。违反行政法律规范的行为导致相应法律后果，一切行政违法主体必须承担相应法律责任。

关于合法性原则的具体内容和要求，至少应当包含以下几个方面的要求：

（1）任何行政权都必须基于法律的授权而存在，"无法律即无行政"，凡法律没有授权的领域和地方，行政主体不得自己设立行政权力，也不得超越自己的职权实施管理。

（2）行使行政权的主体必须是依法成立的行政组织或经法律法规授权或委托的组织，其他任何组织不得行使行政权。

（3）对于法律授予的职权，行政主体应当严格按照法定程序，在法定的范围内行使。对于法律规定的义务与职责，行政机关应当积极有效地履行或执行。

（4）任何行政法律关系主体不得享有法外特权，一切行政违法主体都应承担相应法律责任。

（二）合理性原则

合理性原则是对合法性原则的补充与发展，它要求行政主体的行政行为不仅要合法，而且要合理，符合最基本的、最起码的理性，即符合一个理智健全的人所应当达到的合理与适当。违反合法性原则将导致行政违法，违反合理性原则则导致行政不当。一般认为，合理性原则应当包括以下几个方面的要求：

（1）要平等对待行政管理相对人，对同等或基本相似的情形，应做同等或相近的处理，不得有明显的偏私或歧视。

（2）在作出行政决定或行政裁量时，必须也只能考虑符合立法授权目的相关因素，不得考虑不相关的因素。

（3）行政主体采取的具体措施必须符合法律目的；所选择的措施和手段应当为法律所必需，并与意欲达成的结果间有正当性；在所采取的措施和手段中应选择对当事人损害最小的方式。

（4）行政主体在行政管理活动中，应具有服务意识，方便行政管理相对人忠实地履行职责。

（三）程序正当原则

程序正当原则是对行政权行使的程序性要求，至少包含以下几方面的要求：

（1）行政主体在作出行政行为时，除涉及国家秘密、个人隐私和依法受到保护的商业秘密外，应当公开行政行为的依据、过程和结果，便于相对人知情及社会公众的监督。

（2）行政主体在作出影响相对人权益的行政行为时应当听取相对人的意见，相对人有陈述和申辩的权利。

（3）行政机关工作人员履行职责，与行政相对人存在利害关系时，应当回避，即"自己不得作为自己案件的审判官"。

三、行政法律关系

行政法律关系是指为行政法所调整的、具有行政法上权利与义务内容的社会关系。行政法律关系与其他法律关系相较，具有如下特点：

（1）在行政法律关系当事人中，必有一方是行政主体。

（2）行政法律关系当事人的权利（力）与义务是由行政法律规范预先规定的，当事人不得自由选择，也不能随意放弃、转让。

（3）行政法律关系主体双方具有从属性，存在管理与被管理的关系。

案例链接

某县工商局为给新建成的办公大楼配置办公家具，与大成家具公司签订了100万元的购买合同。合同约定，县工商局首付货款20万元，余款在大成公司履行合同后一个月内一次付清。大成公司严格按照合同约定如期履行，县工商局以办公家具存在质量问题为由拒付余款，并向大成公司下发处罚决定书，查封大成公司的生产车间和仓库。

该县工商局的行为是滥用行政管理权的违法行为，应承担相应法律责任。因为，县工商局与大成家具公司之间签订的是民事合同，二者形成的是平等主体之间有关财产的民事法律关系，不是基于管理与被管理的行政法律关系。

行政法律关系由行政法律关系主体、客体和内容三大要素组成。

（一）行政法律关系主体

行政法律关系的主体即行政法律关系双方当事人，也就是行政法律关系的参与者。一方主体能够以自己的名义依法享有和行使行政管理权，并能够对行使职权行为造成的后果承担法律责任，称为行政主体。另一方称为行政相对人，即公民、法人或其他组织。行政相对人在行政法律关系中处于被管理和被支配的地位。

（二）行政法律关系客体

行政法律关系的客体是指行政法律关系当事人的权利（力）、义务所指向的对象。它包括物、行为、智力成果。

（三）行政法律关系的内容

行政法律关系的内容即行政法律关系主体所享有的权利（力）和所承担的义务的总和。

值得注意的是，行政主体的权力具有特殊性，它既是权力又是义务。所以，行政主体只能依法行使职权，而不能放弃或者违法行使，否则便要承担相应法律责任。

四、行政机关与公务员

行政主体是依法享有行政职权、能够以自己的名义实施行政管理活动的机关或有关组织。行政主体主要包括依法设立的行政机关，在特定情况下，也包括经法律、法规授权的社会组织。

行政主体的活动最终通过具体的个人即公务员进行。

> **名人名言**
>
> 如果人人都是天使，那么就不需要政府。如果政府是天使，就无须对政府实行内部和外部控制。而在构建一个由人来统治人的政府时，最大的困难就在于，你必须首先让政府有能力控制受它统治的人，其次是，强迫政府控制自身。
>
> ——［美］詹姆斯·麦迪逊

（一）行政机关

1. 中央行政机关

国务院即中央人民政府，是最高国家行政机关。2013 年国务院机构改革后，下设 25 个部委，1 个直属特设机构，16 个直属机构，4 个办事机构。

2. 地方行政机关

我国地方行政机关一般分为四级：省、自治区和直辖市；市（设区市）或者自治州；县、市（不设区市）或者自治县；乡、镇或者民族乡。在直辖市和设区市，通常设区、县，下为乡镇或者街道办事处（区级政府的派出机构）。

3. 地方政府组成部门

县级以上地方人民政府所属部门，多数与国务院部门在机构和职能方面上下对应，例如公安、税务、工商行政管理等。但对某些职能部门，地方人民政府从地方实际出发，改变与上级政府的上下对应关系，在职能上出现交叉。例如，国务院设住房与城乡建设部，省、自治区政府设住房与城乡建设厅，到了市县级，可能分设规划、城乡建设、房地产、市政管理等多个部门。

4. 地方政府职能部门的派出机构

部分政府职能部门根据工作需要在一定区域可设置派出机构，代表该职级部门从事某些行政管理工作，如公安派出所、税务所、工商所等。尽管他们原则上没有独立法律地位，但经过法律、法规、规章的授权后，就获得了行政主体资格。

5. 依照法律、法规授权而直接设立的专门行政机构

如依据《中华人民共和国专利法》设立专利复审委员会和对其行使专利复审的授权。《中华人民共和国商标法》规定设立的商标评审委员会等。

由于行政改革和提高行政效率的需要，除了行政机关，一些非政府组织被赋予实施行政管理的职权。对非政府组织的授权主要由单行法律、法规根据具体情形规定，授予权力的内容和行使条件也各不相同。法律、法规授权组织的种类，常见的是国有事业单位和企业单位。这些组织根据法律、法规规定，可以以自己的名义从事行政管理活动、参加行政复议和行政诉讼并承担相应法律责任。例如，全国人大常委会公布的《学位条例》第8条规定："学士学位，由国务院授权的高等学校授予，硕士学位、博士学位，由国务院授权的高等学校和科学研究机构授予。"对于学位的管理，高等学校依法享有行政职权，成为行政主体。一些国有企业，如盐务、烟草、铁路、供电等，当他们行使行政职能时，也受行政法调整。

（二）公务员

2006年1月起施行的《中华人民共和国公务员法》（以下简称《公务员法》）是新中国成立以来由最高国家立法机关制定公布的第一部公职人员基本法，是我国公职人员制度的基本法律依据。该法第2条规定，凡是依法履行公职、纳入国家行政编制、由国家财政负担工资福利的工作人员，均属公务员。因此，我国的公务员大体相当于公职人员的总称。具体包括：中国共产党机关的工作人员、人大机关的工作人员、行政机关的工作人员、政协机关的工作人员、法院的工作人员、检察机关的工作人员、民主党派机关的工作人员和部分社会团体机关的工作人员（如工会、共青团、妇联等）。

1. 公务员的录用

《公务员法》规定，录用担任主任科员以下及其他相当职务层次的非领导职务公务员，采取公开考试、严格考察、平等竞争、择优录取的办法。报考公务员的，应当具有中国国籍，年满18周岁，拥护中华人民共和国宪法，具有良好品行、正常履行职责的身体条件，符合职位要求的文化程度和工作能力，以及法律规定的其他条件。曾因犯罪受过刑事处罚、曾被开除公职、在各级公务员招考中被认定有舞弊等严重违反录用纪律

行为的人员以及有其他法律规定违法情形的，不得录用为公务员。

2. 公务员的奖惩

根据《公务员法》规定，对工作表现突出，有显著成绩和贡献，或者有其他突出事迹的公务员或者公务员集体给予褒奖和鼓励，奖励采取精神鼓励与物质鼓励相结合，以精神奖励为主的原则。奖励的种类有：嘉奖、记三等功、记二等功、记一等功，授予荣誉称号。对违反法律和纪律的公务员，除刑事处罚外，给予行政处分。处分的种类有警告、记过、记大过、降级、撤职和开除。

3. 公务员的交流和退职

国家实行公务员交流制度。公务员可以在公务员队伍内部交流，也可以与国有企业事业单位、人民团体和群众团体中从事公务的人员交流。交流的方式包括调任、转任和挂职锻炼。

公务员退出公职的制度主要有退休、辞职和辞退。退休是公务员达到国家规定的退休年龄或者完全丧失工作能力而取消公务员与国家之间的公职关系。辞职分为辞去公职和辞去领导职务两种。辞去公职是公务员出于个人原因，申请并经任免机关批准退出国家公职，取消公务员与国家机关之间的公职关系；辞去领导职务根据不同原因分为法定辞职、个人辞职、引咎辞职和责令辞职。

案例链接

关某系某县税务局工作人员，张某是其好友。张某因与邻居吴某在生意上存在竞争，便请关某去检查吴某经营的商店。关某到吴某的商店后，以税务局工作人员的身份进行询问和检查。吴某要求关某出示证件，关某不予理睬。吴某要求关某离开，否则报警。关某恼羞成怒，上前对吴某拳打脚踢，后扬长而去。吴某报警，经鉴定构成轻微伤，花去医药费300元。县公安局对关某作出拘留5天的行政处罚决定。关某所在县税务局得知此事后，给予关某降级处分。关某对行政处罚决定和降级处分决定均不服，向县人民政府申请行政复议。

本案中，关某假借税务局工作人员的身份对吴某进行检查的行为不属于履行职权的公务行为，是私人行为；对吴某造成的损失，当然也由其本人承担。关某对拘留5天的行政处罚决定不服，有权提起行政复议。对于降级处分，属于行政机关内部行政行为，不能申请复议，但可以向监察机关提出申诉。

第二节　行政行为

一、行政行为概述

行政行为是指行政主体行使行政职权时作出的能够产生行政法律效果的行为。现实生活中，行政主体所作出的行政行为涉及社会管理的方方面面，深刻影响着我们日常的生活、工作和学习。例如，制定行政法规、规章或其他规范性文件的行政行为，颁发许可证、执照（如工商营业执照、执业资格证）的行政行为，对不履行行政决定的个人或组织强制其履行（违建强拆）的行政行为，以及对违反行政法律的行为进行处罚（对违章车辆的罚款）等。

（一）行政行为的效力

行政行为的效力是指行政行为一经作出，就具有以国家强制力保障实施的约束力。一般表现为三种：一是拘束力。行政行为一经生效，行政法律关系的双方当事人、其他国家机关和社会成员必须予以尊重。二是确定力。行政行为在法定的争议期和救济期期满后，具有不再争议、不得变更的效力。三是执行力。行政相对人不履行义务时，由国家强制力迫使当事人履行。

（二）行政行为的无效、撤销和废止

行政行为的无效是指行政行为因为有明显或重大违法情形导致自始至终不产生法律效力；行政行为的撤销是指已经生效的行政行为因为出现一般违法或不当情形而由有权机关给予撤销，使其丧失法律效力。

导致行政行为无效的情形主要有：（1）行政行为具有特别重大违法的情形；（2）行政行为具有明显违法的情形；（3）行政行为的实施将导致犯罪；（4）不可能实施的行为；（5）行政主体受相对人胁迫或欺骗作出的行政行为；（6）行政主体不明确或明显超越职权的行为。行政行为被确认无效后，自始无效；相对人不履行该义务，不需承担法律责任；如已经履行，应恢复原状，并可就遭受的损失要求行政赔偿。

行政行为的废止，指行政行为发生效力后，因法定依据已不存在、国家形势发生重大变化或原定任务已经执行完毕等法定情形出现，由有权机关依法定程序终止行政行为的效力。

二、行政许可行为

根据 2004 年 7 月 1 日起实施的《行政许可法》规定，行政许可是指行政机关根据

公民、法人和其他组织的申请，经依法审查，以颁发许可证、执照等方式准予其从事特定活动的行为。从形式上看，行政许可是依申请的具体行政行为，只有在公民、法人或者其他组织申请的前提下发生；从性质上讲，行政许可是一种授予权益的行政行为，是国家在对社会普遍限制和禁止基础上准予申请人从事特定活动，即赋予相对人从事特定活动的权利或资格。行政许可在不同法律中可能有不同名称，包括登记、证明、认可、许可、准许、核准、批准等。行政许可形式多样，其中多数是颁发证照，包括许可证、执照、登记证、驾驶证、护照等。

（一）依法设定行政许可

1. 设定行政许可的事项

根据《行政许可法》的规定，凡是直接涉及国家安全、公共安全、经济宏观调控、生态环境以及直接关系人身健康、生命财产安全等的特定活动或事项，有关有限自然资源、公共资源以及直接关系公共利益的市场准入和从业资格等事项，以及企业或其他组织的设立等事项，可以设立行政许可。但通过下列方式能够予以规范的，可以不设行政许可：（1）公民、法人或者其他组织能够自主决定的；（2）市场竞争机制能够有效调节的；（3）行业组织或者中介机构能够自律管理的；（4）行政机关采用事后监督等其他行政管理方式能够解决的。

2. 行政许可的设定权限

法律、行政法规、地方性法规可以设定行政许可，因行政管理的需要，省级政府规章可以设定临时性的行政许可。上述机关不得用其他形式的规范性文件设定行政许可，其他国家机关更是不得设定行政许可；国务院的部门，也无权自行创设行政许可。

《行政许可法》对设定行政许可的内容也做了限制。首先，法规、规章可以在上位法设定和行政许可事项范围内，对实施该行政许可作出具体规定。但不得增设行政许可，更不得增设违反上位法的其他条件。其次，地方性法规和省级政府规章，不得设定应当由国家统一确定的公民、法从或者其他组织的资格、资质的行政许可；不得设定企业或者其他组织的设立登记及其前置性行政许可。其设定的行政许可，不得限制其他地区的个人或者企业到本地区从事生产经营和提供服务，不得限制其他地区的商品进入本地区市场。

案例链接

行政机关不得违法设定行政许可

某省卫生厅向全省所有医院下发文件，规定凡在本省医院销售的药品必须到卫生厅办理"登记"手续，否则医院不得采购。某药品生产企业将其刚投入试产的新药报到卫生厅备案，结果卫生厅要求其提交营业执照等资质文件十余种，并指出其中的三份资质文件不符合要求，不能办理登记手续，其药品也不得在该省医疗机构销售。此药品企业认为该省卫生厅的规定违反《行政许可法》，将其告上法庭。

本案中，省卫生厅无权设定行政许可，其下发的文件要求药品企业先办理"登记"备案，才能在本省医疗机构销售药品，违反了行政许可法的规定，是不合法的。

（二）依法实施行政许可

行政机关应当将法律、法规、规章规定的有关行政许可的事项、依据、条件、数量、程序、期限以及需要提交的全部材料的目录和申请书示范文本等在办公场所公示；申请人要求行政机关对公示内容予以说明、解释的，行政机关应当说明、解释，提供准确、可靠的信息。申请书格式文本中不得包含与申请行政许可事项没有直接关系的内容，行政机关也不得要求申请人提交与其申请的行政许可事项无关的技术资料和其他材料。行政机关对申请人提出的行政许可申请，应当依照法律，分别作出处理。申请人的申请符合法定条件、标准的，行政机关应当作出准予行政许可的书面决定，公众有权查阅。

（三）提供便民服务，保障申请人权益

行政许可申请可以通过信函、电报、电传、传真、电子数据交换和电子邮件等方式提出。申请书需要采用格式文本的，行政机关应当向申请人提供行政许可申请书格式文本。行政机关提供行政许可申请书格式文本，不得收费。除了依法应当由申请人到行政机关办公场所提出行政许可申请的外，申请人可以委托代理人提出行政许可申请。申请人提交的申请材料齐全，符合法定形式，行政机关能够当场作出决定的，应当当场作出书面的行政许可决定。除当场作出行政许可决定外，应当在法定期限内按照规定程序作出行政许可决定。行政机关依法作出不予行政许可的书面决定的，应当说明理由，并告知申请人享有依法申请行政复议或者提起行政诉讼的权利。为了公共利益的需要，行政机关可以依法变更或者撤回已经生效的行政许可，由此给公民、法人或者其他组织造成财产损失的，行政机关应当依法给予补偿。

案例链接

河北警员刁难市民，办个护照 5 次返乡

据中央电视台《焦点访谈》报道，在北京工作的小周，公司要派他出国，需

要办理因私护照，由于在北京缴纳社保不足一年，按规定，他只能回户口所在地——河北武邑县公安局出入境管理大队办理。但大半年过去了，小周请假返乡5次，来回三千多公里，护照一直没有办下来，每次都被告知需要补充不同的材料。报道细数了小周补办的证明：（1）无犯罪证明；（2）公司在职证明；（3）公司营业执照；（4）公司外派人员资格证明；（5）本地身份证。而实际上，像小周这样的普通公民办理因私护照，其实只需要提供身份证和户口本及复印件，然后就是照了照片填了表就行了。上述办事人员让其补办的证明，除本地身份证需补办外，其他的依法都不需要。

公安局出入境管理部门办理因私护照属于依申请的行政许可行为，依《行政许可法》规定，行政机关应当将法律、法规、规章规定的有关行政许可的事项、依据、条件、数量、程序、期限以及需要提交的全部材料的目录和申请书示范文本等在办公场所公示。行政机关不得要求申请人提交与其申请的行政许可事项无关的技术资料和其他材料。申请材料不齐全或者不符合法定形式的，应当当场或者在五日内一次告知申请人需要补正的全部内容，逾期不告知的，自收到申请材料之日起即为受理。由此可见，武邑县公安局出入境管理部门的工作人员严重违反行政许可法相关规定，应给予其相应行政处分。

三、行政强制行为

行政强制是指为了实现一定行政目的、保障行政管理的顺利进行，行政机关或行政机关向人民法院申请，通过依法采取强制手段迫使拒不履行行政法义务的相对人履行义务，或者出于维护社会秩序或保护公民人身健康、安全的需要，对行政相对人的人身及财产等采取的强制性的具体行政行为。行政强制包括行政强制措施和行政强制执行。

行政强制措施，是指行政机关在行政管理过程中，为制止违法行为、防止证据损毁、避免危害发生、控制危险扩大等情形，依法对公民的人身自由实施暂时性限制，或者对公民、法人或者其他组织的财物实施暂时性控制的行为。行政强制措施的种类主要有：短暂限制公民人身自由，查封场所、设施或者财物，扣押财物，冻结存款、汇款等。

行政强制执行，是指行政机关或者行政机关申请人民法院，对不履行行政决定的公民、法人或者其他组织，依法强制履行义务的行为。行政强制执行包括行政机关强制执行和申请法院强制执行。行政强制执行的方式有间接强制执行（加处罚款或者滞纳金，代履行）和直接强制执行（划拨存款、汇款，拍卖或者变卖查封、扣押的场所、设施或者财物，排除妨碍、恢复原状等）两种。

案例链接

　　某市110接群众报警，称有一男青年在街头闹事，巡逻警察赶到事发地点后，见到该男青年头上流着血，正在毁坏路边的防护栏等一些公共设施，对旁人劝说不予理睬，还开口骂人。警察当即进行制止，但无效。接触中发现该男青年满口酒气，处于醉酒状态，行为和举止已失控。巡逻警察便将其强行带回公安机关，对其人身自由予以了限制。第二天，该男青年酒醒后，公安人员对其进行了教育，并指出酒醉过程中对公共设施所造成的损害要予以赔偿。之后将其放回。3天后，该男青年来到公安机关，对公安机关所实施的限制约束行为表示不满，认为不符合法律规定，依法提出复议申请。

　　根据我国《治安管理处罚条例》第15条第2款规定："醉酒的人在酒醉状态中，对本人有危险或者对他人的人身财产或者公共安全有威胁的，应当对其采取保护性措施约束至酒醒。"本案中公安机关发现该男青年处于酒醉状态，处于对本人有危险或者对他人的安全有威胁的情况下，对该男青年进行的约束，是依法所实施的行政强制措施，是出于维护公共安全和其自身利益的目的，而不是制裁行为。

（一）行政强制的实施机关

　　我国行政强制的执行，以行政机关申请人民法院实施为主，行政机关独立实施为辅。行政机关的强制执行权以单行的法律、法规的逐一授权为根据。大多数行政机关依法都具有间接强制执行权，而只有少数行政机关（如公安、国安、税务、工商、海关和县级以上人民政府）拥有直接强制执行权。具有直接强制执行权的机关应当自行实施强制执行，并由具备资格的行政执法人员实施，其他人员不得实施；没有直接强制执行权的机关，只能申请法院强制执行。

（二）行政机关强制执行的程序

　　首先是告诫。行政机关作出强制执行决定前，应先向当事人发出告诫。告诫以书面形式作出，当事人有权进行陈述和申辩。行政机关未告诫或者告诫期未满就直接采取强制措施，是重大的程序违法。

　　其次是作出强制执行决定。经告诫，当事人逾期且无正当理由仍未履行行政法义务的，行政机关可以作出强制执行决定。强制执行决定应当以书面形式作出。当事人对该决定不服，有权申请行政复议或提起行政诉讼。

　　最后是实施强制执行。行政机关除了自己强制执行，必要时也可以委托第三人代履行。

（三）行政强制原则

1.行政强制节制原则

行政强制是一种对当事人权利义务产生重大影响的行为，应当有节制地使用。具体体现在：（1）执行协议制度。行政机关可以在不损害公共利益和他人合法权益的情况下，与当事人协商达成执行协议。执行协议可以约定分阶段履行；当事人采取补救措施的可以减免加处的罚款或者滞纳金。（2）禁止野蛮执行。除紧急情况，行政机关不得在夜间或者法定节假日实施行政强制执行。行政机关不得对居民生活采取停止供水、供电、供热、供燃气等方式迫使当事人履行义务。（3）执行罚的数额限制。加处罚款或者滞纳金的数额不得超出金钱给付义务的数额。

2.行政强制的救济原则

公民、法人或者其他组织对行政机关实施的行政强制措施享有陈述权、申辩权；有权依法申请行政复议或者提起行政诉讼；因行政机关违法实施行政强制受到损害的，有权依法要求行政赔偿。公民、法人或者其他组织因人民法院在强制执行中有违法行为或者扩大强制执行范围受到损害的，有权依法要求司法赔偿。

四、行政处罚行为

行政处罚是行政机关对公民、法人或者其他组织违反行政法义务、损害行政管理秩序、未构成犯罪的行为给予的行政法上的制裁。1996年全国人大通过的《行政处罚法》，是一部专门、系统地规范行政处罚的重要法律，能够有效完善我国行政处罚法律制度，规范行政处罚行为，做到有法可依，避免乱罚、滥罚行为。

《行政处罚法》列举规定了四类7种行政处罚，包括警告等申诫性质的处罚；罚款、没收违法所得、没收非法财物等财产处罚；责令停产停业、暂扣或者吊销许可证、暂扣或者吊销执照等行为资格处罚；最严重的，还可以进行行政拘留等人身自由的处罚。

（一）行政处罚的程序

行政处罚程序分为决定程序和执行程序。

1.行政处罚决定程序

行政处罚的决定程序可分简易程序、一般程序和听证程序三大类。

（1）简易程序。对于案情简单、违法事实清楚、证据确凿，没有必要进一步调查取证的违法行为，法律规定可以采用简易程序，当场作出行政处罚决定。执法人员应当场表明身份，口头告知当事人作出行政处罚决定的事实、理由及依据，以及当事人依法享有的权利，填写预定格式、编有号码的行政处罚决定书，并当场交付当事人。简易程序只适用于对公民处50元以下，对法人或者其他组织处1000元以下罚款或者警告的行政处罚。其他法律另有规定的，从其规定。例如，《道路交通安全法》第107条规定，对道路交通违法行为人予以200元以下罚款，交通警察可以当场作出行政处罚决定。

（2）一般程序。对于情节复杂，或者处罚较重，或者当事人对执法人员的事实认定有异议，致使执法人员无法当场作出行政处罚决定的案件，则适用一般程序。一般程序是行政处罚的基本程序。一般程序首先是调查取证。在进行调查或者检查时，执法人员不得少于两人；在收集证据时，可以采取抽样取证的方法；在证据可能灭失或者以后难以取得的情况下，经行政机关负责人批准，可以先行登记保存；执法人员与当事人有直接利害关系的，应当回避。其次，行政机关在调查的基础上，由行政机关负责人根据情况作出决定；对情节复杂或者重大违法行为给予较重的行政处罚，行政机关的负责人应当集体讨论决定。再次，行政处罚应当制作行政处罚决定书。行政处罚决定书应当载明法律规定的事项，包括当事人的姓名或者名称、地址，违反法律、法规或者规章的事实和证据，行政处罚的种类和依据，行政处罚的履行方式和期限，申请行政复议或者提起行政诉讼的途径和期限，作出行政处罚决定的机关和日期。

（3）听证程序。行政机关作出责令停产停业、吊销许可证或者执照、较大数额罚款等行政处罚决定之前，应当告知当事人有要求听证的权利；当事人要求听证的，行政机关应当组织听证。《行政处罚法》还对听证制度的主要内容作了规定：行政机关应当通知当事人举行听证的时间、地点；除涉及国家秘密、商业秘密或者个人隐私外，听证公开举行；听证由行政机关指定的非本案调查人员主持；当事人认为主持人与本案有直接利害关系的，有权申请回避；当事人可以亲自参加听证，也可以委托1—2人代理；举行听证时，调查人员提出当事人违法的事实、证据和行政处罚建议，当事人进行申辩和质证；听证应当制作笔录，行政机关在听证结束后根据听证情况作出处理决定。

2.执行程序

在执行程序上，当事人应当及时履行行政处罚决定规定的义务；原则上，在当事人申请行政复议或提起行政诉讼期间，行政处罚不停止执行。

（1）罚款的收缴。原则上，作出罚款决定的行政机关与罚款收缴机构分离，作出处罚决定的行政机关及其执法人员不得自行收缴罚款，而由当事人到指定的银行缴纳。罚款、没收违法所得或者没收非法财物拍卖的款项，必须全部上缴国库，任何行政机关或者个人不得以任何形式截留、私分或者变相私分；财政部门不得以任何形式向作出行政处罚决定的行政机关返还。

（2）行政强制措施。除经申请和批准当事人可以暂缓或分期缴纳罚款的以外，当事人逾期不履行行政处罚决定的，作出行政处罚决定的行政机关可以采取强制措施：到期不缴纳罚款的，每日按罚款数额的3%加处罚款；根据法律规定，将查封、扣押的财物拍卖或者将冻结的存款划拨抵缴罚款；申请人民法院强制执行。

案例链接

行政处罚程序要合法

贾某是货车司机,某日拉货经过205国道某交通检查站,被执勤人员闫某(身着工作服)拦住,递交一张处罚决定书,内容是"根据有关规定,罚款50元",盖有某省某县交通大队印章。贾某询问处罚理由,闫某说是超载,贾某辩称:"只拉半车货,绝不会超载。"闫某有些不耐烦。贾某又说:"不说清楚,我不交罚款。"此时,闫某又递来一张处罚决定书,并说:"就你这态度,再罚50元。"贾某担心争辩下去又遭罚款,只好交了100元离开,闫某未出具收据。事后,贾某向有关机关投诉,经过法定程序,有关机关将100元退还贾某,并对闫某滥用职权行为追究了责任。

(二)治安管理处罚

治安管理处罚是公安机关给予实施治安违法行为的公民、法人或其他组织的行政制裁。治安违法行为的构成要件为:(1)是违反行政法律、法规的行为;(2)是具有社会危害性的行为,包括扰乱公共秩序、妨害公共安全,侵犯人身权利、财产权利,妨害社会管理的行为;(3)是达到依法应当受到治安管理处罚的程度,但尚未构成犯罪的行为。

1. 应受处罚的违法行为主体

对违反治安管理的自然人进行处罚,自然人应当达到责任年龄和具备责任能力。不满14周岁的人违反治安管理的,不给予治安行政处罚;已满14周岁不满18周岁的人违反治安管理的,应当从轻或者减轻处罚。达到责任年龄的人一般应当具有责任能力,但是对于精神病人、盲人或者又聋又哑的人应当根据治安管理处罚法的规定决定不予处罚、减轻或者从轻处罚。

单位违反治安管理的,应当对其直接负责的主管人员和其他直接责任人员给予行政处罚。

2. 违反治安管理的行为

(1)扰乱公共秩序的违法行为。《治安管理处罚法》第23条至29条规定的扰乱公共秩序的违法行为主要有:扰乱单位、公共场所、公共交通和选举秩序的违法行为;扰乱文化、体育等大型群众性活动秩序的违法行为;扰乱公共秩序行为;寻衅滋事行为;利用封建迷信、会道门进行非法活动的违法行为;干扰无线电及无线电台(站)的违法行为;危害计算机信息系统安全的违法行为等。

案例链接

强取他人财物构成违法

暑假时，两名高职学生孙某和王某到县城某网吧上网，一直玩到晚上 11 点，随身带的钱已经花光，被迫离开网吧。但他们玩意正浓，意犹未尽。孙某跟王某说："不如我们到街上找个人要点钱，继续玩到天明。"王某随声附和。于是他们在僻静处拦住一路人，强行索要 100 元。在争执推搡过程中被巡警发现，孙某和王某当场被抓。

根据《治安管理处罚法》第 26 条规定，强拿硬要公私财物的，处五日以上十日以下拘留，可以并处五百元以下罚款。

（2）妨害公共安全的违法行为。《治安管理处罚法》第 30 条至 39 条规定的妨害公共安全行为主要有：违反危险物质管理的违法行为；非法携带管制器具的违法行为；盗窃、损毁公共设施的违法行为；妨害航空器飞行安全的违法行为；妨害铁路运行安全的违法行为；妨害列车行车安全的违法行为；妨害公共道路安全的违法行为；违反安全规定举办大型活动的违法行为；违反公共场所安全规定的违法行为等。

案例链接

私设电网被处罚

邓某为防止自己的果园被村里的儿童毁坏，在果园周围私自布设电网。虽然电网经过变压，不会造成严重伤害，但某天仍然给在果园周边玩耍的孩童刘小某带来惊吓，刘小某之父刘某要求邓某撤掉电网但遭到拒绝。为防止其他儿童受到伤害，刘某报警。

依据《治安管理处罚法》第 37 条规定，未经批准，安装、使用电网的，处五日以下拘留或者五百元以下罚款。

（3）侵犯人身权利、财产权利的违法行为。主要规定在《治安管理处罚法》第 40 条至 49 条，包括：恐怖表演、强迫劳动、限制人身自由的违法行为；胁迫、利用他人乞讨和滋扰乞讨的违法行为；侵犯人身权利的违法行为；攻打或故意伤害他人身体的违法行为；猥亵他人或公共场所裸露身体的违法行为；虐待家庭成员、遗弃被抚养人的违法行为；强买强卖、强迫服务的违法行为；煽动民族仇恨、民族歧视的违法行为；侵犯通信自由的违法行为；盗窃、诈骗、哄抢、敲诈勒索、损坏公私财物的违法行为等。

案例链接

虐待继母应当如何处理？

周某，63岁，前夫病死后改嫁陈某为妻。陈某前妻所生儿子小陈由周某抚养成人，母子感情一直很好。小陈结婚后，听信妻子谗言，逐渐对周某冷淡。在其父周某病故后，小陈夫妇对周某施以虐待，经常打骂、冻饿，生病不给医治，甚至强迫其过度劳动。周某不堪凌辱，向公安机关告发。公安机关进行调解，但小陈夫妇仍不思悔改，变本加厉。

依据《治安管理处罚法》第45条之规定，虐待家庭成员，被虐待人要求处理的，处五日以下拘留或者警告。

（4）妨害社会管理的违法行为。主要规定在《治安管理处罚法》第50条至76条，包括：拒不执行紧急状态决定、命令和阻碍执行公务的违法行为；招摇撞骗的违法行为；伪造、变造、买卖公文、证件、票证的违法行为；非法设立社会团体的违法行为；非法集会、游行、示威的违法行为；旅馆工作违反规定的违法行为；违法出租房屋的违法行为；制造噪声干扰他人的违法行为；违法典当、收购的违法行为；妨害执法秩序的违法行为；偷越国（边）境、协助组织、运送他人偷越国（边）境的违法行为；妨害文物管理的违法行为；非法驾驶交通工具的违法行为；破坏他人坟墓、尸体和乱停放尸体的违法行为；卖淫、嫖娼行为；引诱、容留、介绍卖淫行为；传播淫秽信息的违法行为；组织参与卖淫活动的违法行为；赌博行为；涉及毒品原植物的违法行为；非法持有、向他人提供、吸食、注射毒品等违法行为；教唆、引诱、欺骗他人吸食、注射毒品的违法行为；服务行业人员通风报信的违法行为；饲养动物的违法行为等。

案例链接

向他人提供毒品也要受罚

沈阳市下辖某派出所在处理一起涉毒案件时，吸毒人员向警方交代毒品为某知名演员魏某提供，民警立即对魏某进行传唤，魏某对为他人提供毒品一事供认不讳。

根据《治安管理处罚法》第72条规定，向他人提供毒品，情节较轻的，处五日以下拘留。

3.治安管理处罚的种类

治安管理处罚共有四个主罚种类和一个附加罚种类。四个主罚是警告、罚款、行政拘留和吊销公安机关发放的许可证；一个附加罚种类是限期出境或者驱逐出境，适用对象仅限于违反治安管理的外国人。

4.治安管理处罚的适用

（1）减轻处罚、不予处罚、从重处罚和不执行处罚。减轻处罚是低于法定处罚的处罚；不予处罚是宣告行为违法但不给予处罚。对具有以下情形的违法行为应当减轻处罚或者不予处罚：情节特别轻微的；主动消除或者减轻违法后果，并取得被侵害人谅解的；出于他人胁迫或者诱骗的；主动投案，向公安机关如实陈述自己的违法行为的；有立功表现的。

从重处罚是在法定处罚幅度内给予严厉、程度较高的处罚。对具有以下情形的违反治安管理行为应当从重处罚：有较严重后果的；教唆、胁迫、诱骗他人违反治安管理的；对报案人、控告人、举报人、证人打击报复的；6个月内曾受过治安管理处罚的。

不执行处罚是放弃执行应当给予的处罚。对具有以下情形的违反治安管理行为人，依照治安管理处罚法应当给予行政拘留处罚的，不执行行政拘留处罚：已满14周岁不满16周岁的；已满16周岁不满18周岁，初次违反治安管理的；70周岁以上的；怀孕或者哺乳自己不满1周岁婴儿的。

（2）调解与处罚。违反治安管理是危害社会的行为，应当依法予以处罚，原则上不实行以当事人之间达成协议为中心内容的行政调解。但是治安管理处罚法规定了例外，即对于因民间纠纷引起的打架斗殴或者损毁他人财物等违反治安管理行为，情节较轻的，公安机关可以调解处理。经公安机关调解，当事人达成协议的，不予处罚。经调解未达成协议或者达成协议后不履行的，公安机关应当依照本法的规定对违反治安管理行为人给予处罚，并告知当事人可以就民事争议依法向人民法院提起民事诉讼。

（3）追究时效。《治安管理处罚法》规定，违反治安管理行为在6个月内没有被公安机关发现的，不再处罚。期限从违反治安管理行为发生之日起计算；违反治安管理行为有连续或者继续状态的，从行为终了之日起计算。

第三节　行政救济

在行政管理活动中，作为被管理方的行政相对人可能对行政管理行为不服，行政管理行为也可能会侵害作为行政管理相对人权益。这需要法律为行政相对人提供救济途径，同时对行政管理行为进行监督。目前我国已经建立了一套综合的行政救济和监督体系。除了由法院进行司法审查（行政诉讼）外，还有上级行政机关进行的行政复议和行政赔偿。行政诉讼在专题十讲解，此节只讲解行政复议和行政赔偿。

一、行政复议

行政复议是指公民、法人或者其他组织认为行政机关的具体行政行为侵犯其合法权益，向作出行政行为的上级机关或者其他法律规定的复议机关申诉，由复议机关依照法定的程序予以复查并依法作出处理决定的法律制度。

（一）行政复议的范围

行政相对人认为行政机关所作出的任何具体行政行为侵害其合法权益的，都可以提出行政复议，而不限于人身权和财产权。但不服行政法规、规章和有普遍约束力的决定命令，行政处分或者其他人事处理决定，以及不服行政机关对民事纠纷作出的调解或者其他处理行为的，不得提出行政复议。

此外，公民、法人或者其他组织认为行政机关的具体行政行为所依据的行政规定不合法的，在对具体行政行为申请复议时，可以一并申请复议机关对该规定进行审查。具体包括：国务院部门的规定；县级以上地方各级人民政府及其工作部门的规定；乡镇人民政府的规定。

（二）复议机关和复议机构

1.复议机关

根据《行政复议法》的规定，以下机关为相应的复议机关：（1）对县级以上人民政府部门的具体行政行为不服的，本级政府或者上一级主管部门为复议机关，具体由复议申请人选择。但对于海关、金融、国税、外汇等实行垂直领导的行政机关和国家安全机关的具体行政行为，复议机关只能是上一级主管部门；而对于经国务院批准实行省以下垂直领导的部门（如工商、地税、质检、环保等）作出的具体行政行为不服的，可以选择向该部门的本级人民政府或者上一级主管部门申请行政复议，省、自治区、直辖市另有规定的从其规定。（2）对地方政府所作的具体行政行为不服的，复议机关是上一级政府。（3）对国务院部门或者省、直辖市、自治区政府的具体行政行为不服的，复议机关为作出该具体行政行为的机关自身；对其复议决定不服的，可以向法院起诉，也可以向国务院申请裁定，国务院的裁定为最终裁决。（4）对政府工作部门依法设立的派出机构作出的具体行政行为不服的，由设立该派出机构的部门或者该部门的本级地方人民政府作为行政复议机关。

2. 复议机构

行政复议机构是行政机关中具体处理行政复议事项的工作机构。行政复议机构的职权和职责包括：受理复议申请；调查取证，查阅文件、资料；审查被申请复议的具体行政行为，拟定复议决定等。

（三）对具体行政行为的复议决定

行政复议机关根据不同情况，在受理行政复议申请之日起60日内，分别作出下列不同决定，法律另有规定的除外。

1. 维持决定

具体行政行为认定事实清楚，证据，适用依据正确，程序合法，内容适当的，决定维持。

2. 撤销、确认违法决定

具体行政行为有下列情形之一的，决定撤销或者确认该具体行政行为违法：（1）主要事实不清、证据不足的；（2）适用依据错误的；（3）违反法定程序的；（4）超越或者滥用职权的；（5）具体行政行为明显不当的。

3. 变更决定

具体行政行为有下列情形之一，行政复议机关可以决定变更：（1）认定事实清楚，证据确凿，程序合法，但是明显不当或者适用依据错误的；（2）认定事实不清，证据不足，但经行政复议机关审理查明事实清楚，证据确凿的。

4. 驳回复议请求决定

主要适用于以下情形：（1）申请人认为行政机关不履行法定职责申请行政复议，行政复议机关受理后发现该行政机关没有相应法定职责或者在受理前已经履行法定职责的；（2）受理行政复议申请后，发现该行政复议申请不符合行政复议法和实施条例规定的受理条件的。

🔍 案例链接

根据山东省某市政府整顿节日农贸市场的决定，某区工商、公安、质检和卫生多部门联合对集贸市场进行检查。在检查过程中，商户王某因私设摊点，出售过期变质食品，被吊销营业执照和食品卫生许可证。王某不服，以四部门为共同被申请人向区人民政府申请行政复议。复议机关告知王某应该分别以工商局、卫生局为被申请人提起行政复议，因为吊销营业执照是工商局行使职权作出的具体行政行为，吊销食品卫生许可证是卫生局行使职权作出的具体行政行为。

二、行政赔偿

行政赔偿是指行政机关和行政机关工作人员违法行使职权侵犯公民、法人和其他组织的合法权益造成损害的，由国家对受害人予以赔偿的一种行政救济法律制度。行政赔偿是国家赔偿的一种。我国的国家赔偿还包括刑事赔偿和司法赔偿。刑事赔偿和司法赔偿的赔偿标准虽与行政赔偿相同，但赔偿程序不同。1994年制定的《国家赔偿法》对行政赔偿的范围、程序、方式和标准作了规定，标志着我国行政赔偿制度的全面确立。该法在2010年进行了多处修改。

（一）行政赔偿范围

原则上，行政机关和行政机关工作人员违法行使职权侵犯公民、法人和其他组织的合法权益造成损害的，都应当予以赔偿。具体可分为侵犯人身权和侵犯财产权两种情形。

1. 侵犯人身权的情形

（1）违法拘留或者违法采取限制公民人身自由的行政强制措施的；（2）非法拘禁或者以其他方法非法剥夺人民人身自由的；（3）以殴打、虐待等行为或者唆使、放纵他人以殴打、虐待等行为造成公民身体伤害或者死亡的；（4）违法使用武器、警械造成公民身体伤害或者死亡的；（5）造成公民身体伤害或者死亡的其他违法行为。

2. 侵犯财产权的情形

（1）违法实施罚款、吊销许可证和执照、责令停产停业、没收财物等行政处罚的；（2）违法对财产采取查封、扣押、冻结等行政强制措施的；（3）违法征收、征用财产的；（4）造成财产损害的其他违法行为。

（二）赔偿义务机关和赔偿程序

赔偿义务机关通常为违法行使行政职权的行政机关，或者违法行使行政职权的行政机关工作人员所在的行政机关。

赔偿请求人要求赔偿，应当先向赔偿义务机关提出，也可以在申请行政复议或者提起行政诉讼时一并提出。赔偿请求人向赔偿义务机关要求赔偿的，赔偿义务机关应当自收到申请之日起两个月内，作出是否赔偿的决定。赔偿义务机关作出赔偿决定，可以与赔偿请求人就赔偿方式、赔偿项目和赔偿数额进行协商。赔偿义务机关决定不予赔偿的，应当说明不予赔偿的理由。赔偿请求人对赔偿的方式、项目、数额有异议的，或者赔偿义务机关决定不予赔偿的，以及在规定期限内未作出是否赔偿的决定的，赔偿请求人可以向法院提起诉讼。

赔偿请求人凭生效的判决书、复议决定书、赔偿决定书或者调解书，向赔偿义务机关申请支付赔偿金。赔偿义务机关应当自收到支付赔偿金申请之日起 7 日内，依照预算管理权限向有关的财政部门提出支付申请。财政部门应当自收到支付申请之日起 15 日内支付赔偿金。

（三）行政赔偿的标准

1. 侵犯公民人身自由的，每日的赔偿金按照国家上年度职工日平均工资计算。上述规定执行全国统一的标准，不分地域和城乡，更不考虑受害人的实际收入和实际损失。按照 2013 年的水平（适用于 2014 作出的赔偿决定），每日的赔偿金为 200.69 元。

2. 造成身体伤害的，应当支付医疗费、护理费，以及赔偿因误工减少的收入。造成部分或者全部丧失劳动能力的，应当支付医疗费、护理费、残疾生活辅助具费、康复费等因残疾而增加的必要支出和继续治疗所必需的费用，以及残疾赔偿金；残疾赔偿金根据丧失劳动能力的程度确定，最高额为国家上年度职工年平均工资的 20 倍。造成死亡的，应当支付死亡赔偿金、丧葬费，总额为国家上年度职工年平均工资的 20 倍。按照 2013 年的水平，每年的赔偿金应为 52379 元。造成公民死亡或者全部丧失劳动能力的，对其扶养的无劳动能力的人，还应当支付生活费。

3. 违法行政行为侵犯公民人身权利，致人精神损害的，应当在侵权行为影响的范围内，为受害人消除影响，恢复名誉，赔礼道歉；造成严重后果的，应当支付相应的精神损害抚慰金。

4. 造成财产损害的，一般按照直接损失给予赔偿。处罚款、没收财产或者违法征收、征用财产的，返还财产。财产已经拍卖或者变卖的，给付拍卖或者变卖所得的价款；变卖的价款明显低于财产价值或者应当返还的财产灭失的，应当支付相应的赔偿金。吊销许可证和执照，责令停产停业的，赔偿停产停业期间必要的经常性费用开支。返还执行的罚款或者没收的金钱、解除冻结的存款或者汇款的，应当支付银行同期存款利息。

案例链接

2012 年 7 月 14 日晚，原告李某之子李小某酒后到湖西路某饮食店寻衅滋事，砸坏店内柜台玻璃。经他人劝说，李小某承认错误并表示赔偿。此时，恰巧某县公安局城关派出所副所长张某来到店内，张某打了李小某两巴掌，并扭推李小某，欲将李小某带到派出所处理，因张某在扭推李小某时用力较大，致李小某扑倒在地，头面部撞在水泥地上，造成李小某因颅内弥漫性蛛网膜下腔出血死亡。2013年1月7日，某县人民法院以过失杀人罪判处张某有期徒刑2年6个月，缓刑3年。2013年2月20日，原告李某以书面形式向某县公安局提出行政赔偿请求。同年3月20日，原告李某向某县人民法院单独提起行政赔偿诉讼，县法院以单独提起行政赔偿诉讼应先由行政机关解决为由裁定不予受理。同年6月5日、7月10日、9月12日，原告李某三次向某县公安局递交书面赔偿请求，某县公安局仍未予答复和处理。2014年2月10日，原告李某再次向某县人民法院提起行政赔偿诉讼。

张某在行使职权过程中，违法造成李小某死亡，李小某之父李某有权作为赔偿请求人向张某所在单位某县公安局申请行政赔偿。公安局作为赔偿义务机关应在收到赔偿请求之日起2个月内作出是否赔偿的决定。赔偿请求人对赔偿的方式、项目、数额有异议的，或者赔偿义务机关决定不予赔偿的或者在规定期限内未作出是否赔偿的决定，赔偿请求人可以向法院提起诉讼。因此，县法院裁定不予受理的理由是成立的。

体验与践行

肖某为获取利益，擅自在一隐秘院落开设网吧，容留附近技工学校学生李某（15周岁）和林某（16周岁）通宵上网，被群众举报。县文化局工作人员郭某和姜某上门查处。

请问：1. 肖某私开网吧的行为是否合法？为什么？

2. 肖某容留学生李某和林某的行为是否合法？为什么？

3. 根据相关法律规定，肖某可能受到哪些处理？

4. 县文化局工作人员查处应遵循哪些程序？

维护劳动者权益，构建和谐劳动关系

学习目标

1. 了解我国劳动法赋予劳动者的权益；
2. 掌握订立劳动合同的条款与程序及解决劳动纠纷的途径；
3. 能与用人单位订立合法有效的劳动合同；
4. 能通过合法有效的途径解决与用人单位之间的劳动纠纷；
5. 培养正确的就业观念及维权意识。

案例导入

硕士研究生小亮（化名）2008 年毕业于中国地质大学。当年 7 月，他与北京北国建筑工程有限责任公司（以下简称北国建筑公司）签订合同，期限是 5 年，见习期 1 年，单位解决北京户口。2009 年 7 月初，小亮以岗位不适合为由，向单位递交辞呈，要求单位办理档案转移手续。因单位不同意，小亮将北国建筑公司起诉至法院，请求确认劳动关系终止，单位将其档案转移至人才服务中心。

庭审中，北国建筑公司代理人指责小亮是为了"套"北京户口才来应聘。代理人称，应聘时，小亮承诺能吃苦，可才工作大半年就找借口要走，造成公司进京指标资源浪费。代理人强调说，北京户口的价值谁都明白有多大。

思考
1. 小亮要求终止劳动关系的请求能否获得法院支持？
2. 小亮在该过程中有无违反合同的情形存在？

第一节 法律赋予劳动者的权利

一、平等就业权和选择职业的权利

公民的劳动就业权是公民享有其他各项权利的基础。如果公民的劳动就业权不能实现，其他一切权利也就失去了基础。

平等就业权是指劳动者在获得工作机会、工资报酬、福利待遇等方面享有平等对待的权利。《劳动法》第12条规定："劳动者就业，不因民族、种族、性别、宗教信仰不同而受歧视。"在录用职工时，除国家规定的不适合妇女的工种和岗位外，不得以性别为由拒绝录用妇女或者提高对妇女的录用标准。

选择职业的权利是指劳动者根据自己的意愿选择适合自己才能、爱好的职业。劳动者拥有自由选择职业的权利，这有利于劳动者充分发挥自己的特长，促进社会生产力的发展。劳动者在劳动力市场上作为就业的主体，具有支配自身劳动力的权利，可根据自身的素质、能力、志趣和爱好，以及市场资讯，选择用人单位和工作岗位。

案例链接

2012年6月，曹菊从北京某学院毕业，踏上了就业求职的道路。6月11日，她在求职网站上看到巨人教育招聘行政助理的信息，觉得自己各方面条件都很符合要求，于是向招聘邮箱投递了求职信息，但等待十几天未见面试通知。

半个月后，曹菊通过电话询问巨人教育科技有限公司，得到一名工作人员答复："这个职位只招男性，即使你各项条件都符合，也不会予以考虑。"曹菊通过法律咨询认识到，用人单位因为性别原因拒录属于性别歧视，违反了《就业促进法》《妇女权益保障法》等相关法律法规。2012年7月11日上午，曹菊向北京市海淀区法院递上了一纸诉状，在法院主持下，双方达成和解，用人单位向曹菊赔礼道歉。

资料链接

2010年，国家教育部和卫生部联合发出《关于进一步规范入学和就业体检项目维护乙肝表面抗原携带者入学和就业权利的通知》，其中提到：各级各类教育机构、用人单位在公民入学、就业体检中，不得要求开展乙肝项目检测，不得要求提供乙肝项目检测报告，也不得询问是否为乙肝表面抗原携带者。除卫生部予以核准的特殊职业外，健康体检非因受检者要求不得检测乙肝项目，用人单位不得以劳动者携带乙肝表面抗原为由予以拒绝招用或辞退解聘。出台这一政策的目的，就是要约束用人单位切实保障乙肝患者和乙肝病毒携带者的合法入学就业权利。

二、取得劳动报酬的权利

劳动者一方只要在用人单位的安排下按照约定完成一定的工作量，就有权要求按劳动取得报酬。劳动者通过自己的劳动获得劳动报酬，再用其所获得的劳动报酬来购买自己和家人所需要的消费，从而才能维持和发展自己的劳动力以及供养自己的家人。劳动报酬权是劳动权利的核心。

《劳动法》第50条规定：工资应当以货币形式按月支付给劳动者本人，不得克扣或者无故拖欠。劳动者在法定休假日和婚丧假期间以及依法参加社会活动期间，用人单位应当依法支付工资。

案例链接

总理帮农民工讨薪

2003年10月24日，时任国务院总理温家宝同志在考察三峡库区移民安置工作途中，来到位于库区腹地的云阳县人和镇龙泉村10组看望乡亲。

打完猪草回家的熊德明向总理反映，她爱人李建民有2000多元的工钱已拖欠了一年，影响孩子交学费。在温总理的关心下，熊德明一家当晚就拿到了工钱，拖欠民工工钱的问题也由此引起了社会前所未有的关注。由此掀起了中国最大规模的农民工讨薪运动，改善了过去拖欠农民工工资的恶劣现象，并让社会更为关注农民工这一弱势群体，提高了他们的生活质量和生存条件。

知识链接

拒不支付劳动报酬罪，是指以转移财产、逃匿等方法逃避支付劳动者的劳动报酬或者有能力支付而不支付劳动者的劳动报酬，数额较大，经政府有关部门责令支付仍不支付的行为。

（一）最低工资制度

最低工资制度指劳动者在法定工作时间内为企业工作，企业支付给劳动者的工资不得低于当地最低工资标准。

最低工资标准类型有月最低工资标准与小时最低工资标准两种，月最低工资标准适用于全日制就业劳动者，小时最低工资标准适用于非全日制就业劳动者。

最低工资不包括以下各项：加班加点工资；中班、夜班、高温、低温、井下、有毒有害等特殊工作环境、条件下的津贴；国家法律、法规和政策规定的劳动者保险、福利待遇。

案例链接

王小姐在上海一家鞋厂做操作工，入职时鞋厂规定，包食包住，缴纳社会保险，工资1000元。近日，王小姐提出：上海市最低工资标准已经调至1120元/月，她的工资也该增加了。鞋厂则认为，她的工资加上企业包食包住的费用，早就不止1120元了，因此拒绝增加工资。王小姐为此提出劳动仲裁，仲裁委员会认为，依照劳动法规定，工资须以货币形式发放，包吃包住属于工厂给职工的福利，不应计算在工资内。

资料链接

山东省连续六年调整最低工资标准

山东省根据经济社会发展和职工工资水平增长等情况，经人力资源社会保障部审核，从2015年3月1日起，全省月最低工资标准按地区分别调整为1600元、1450元、1300元，小时最低工资标准按地区分别调整为16元、14.5元、13元，平均增幅为7.41%。以2014年全省企业在岗职工平均工资为基数，2015年企业职工工资增长基准线确定为10%，上线为18%，下线为4%。这是山东连续6年调整最低工资标准，连续17年发布企业工资指导线。

（二）加班报酬规定

安排劳动者延长工作时间的，支付不低于工资的150%的工资报酬；休息日安排劳动者工作又不能安排补休的，支付不低于工资的200%的工资报酬；法定休假日安排劳动者工作的，支付不低于工资的300%的工资报酬。

日工资计算方法：日工资＝月工资收入÷21.75

小时工资计算方法：小时工资＝月工资收入÷（21.75×8）

案例链接

从2006年12月起，彭峻峰就在广州天力建筑有限公司重庆分公司（下称天力公司）担任资料员，主要负责工程资料报送、员工考勤等工作。由于工作繁杂，他自从在这家公司上班后，就经常加班。彭峻峰自己统计了一下，截至2011年3月提出辞职时止，在四年多的时间里，他总计加班时间长达3509小时。可是，天力公司却从未对其支付过加班费。彭峻峰说，天力公司有一条不成文的规定，谁提加班工资，谁就得走人。办完辞职手续后，彭峻峰将天力公司告上法庭，他以自己平均每月5000元的工资为标准，要求公司支付加班工资19万元。此外，他还要求公司支付补偿金4.9万元。法官当庭向彭峻峰阐明，加班费应该以基本工资为计算标准，不包括奖金、福利等。在法官耐心的调解下，彭峻峰和天力公司最终达成调解协议，约定由公司一次性支付彭峻峰加班费、经济补偿金等共计10万元。

三、休息、休假权利

为恢复劳动者在劳动过程中消耗的体力与脑力，必须赋予劳动者休息的时间，以及符合特殊规定的休假时间。

（一）标准工作时间制度

标准工作时间为每周工作五天，每天工作8小时，每周40小时。因工作性质或者生产特点的限制，不能实行每日工作8小时、每周工作40小时标准工时制度的，按照国家有关规定，可以实行其他工作和休息办法。

（二）加班时间规定

由于生产经营的需要延长工作时间，须与工会和劳动者协商并获得同意，同时受延长工作时间的时数限制，一般每天加班不得超过1小时；因特殊原因需要延长工作时间的，在保障劳动者身体健康的条件下，每日不得超过3小时，每月合计不得超过36小时。

（三）休假时间

法定节日：是指根据国家与民族的风俗习惯或纪念要求，由法律规定的用于庆祝及度假的休息时间。

带薪假：即年休假，根据职工工作年限决定休假时间长短。

探亲假：指与父母或配偶不在一起又不能在公休假日团聚的职工享受的权利。主要是指与家人异地而居的情形。

婚丧假期：时间长短没有具体规定。

案例链接

林某是某宾馆服务员，该宾馆规定服务员每天工作5.5小时，没有休息日。林某因丈夫长期卧病在床，要求每周安排一天休息，在家处理家务。宾馆经研究后未予以批准，理由是林某每天工作仅5.5小时，即使不安排休息日，每周工作也不足40小时，没有违反国家有关劳动法律法规，林某可利用每天下班后的时间来处理家务。

按照《劳动法》第38条的规定，不管用人单位每天工作几个小时，都必须保证劳动者在一周内至少要有一个连续一天的休息时间。宾馆不安排每周一天的休息时间，属于违法行为。

知识链接

我国法定的节假日

1. 全体公民放假的节日：元旦，放假1天；春节，放假3天；清明节，放假1天；劳动节，放假1天；端午节，放假1天；中秋节，放假1天；国庆节，放假3天。

2. 部分公民放假的节日及纪念日：妇女节（3月8日），妇女放假半天；青年节（5月4日），14周岁以上的青年放假半天（15—34岁的人为青年）；儿童节（6月1日），不满14周岁的少年儿童放假1天；中国人民解放军建军纪念日（8月1日），现役军人放假半天。

四、获得劳动安全卫生保护的权利

获得劳动安全卫生保护的权利是指劳动者在生产和工作过程中应得到的生命安全和身体健康基本保障的权利。这是保证劳动者在劳动中的生命安全和身体健康，是对享有劳动权利的主体切身利益最直接的保护。具体包括：

1. 安全卫生环境条件获得权：即劳动者有权在安全和卫生的生产环境中从事劳动的权利。

2. 取得劳动保护用品的权利：有些劳动场所和岗位，即使按照国家规定符合安全卫生标准，但实际上也难以完全实现对劳动者的保护，因此，法律规定，对特定场合、岗位、职业的劳动者，用人单位应当提供必要的劳动保护用品。

3. 定期健康检查权：为了切实保护劳动者的身体健康，《劳动法》规定，对从事有职业性危害作业的劳动者和未成年工，用人单位应当定期进行健康检查。因此，定期健康检查是劳动保护权的具体内容之一。

4. 依法获得特殊保护的权利：《劳动法》规定，国家对女职工和未成年工实行特殊劳动保护。

案例链接

2014年8月2日7时34分，位于江苏省苏州市昆山市昆山经济技术开发区的昆山中荣金属制品有限公司抛光二车间发生特别重大铝粉尘爆炸事故，事故造成146人死亡、185人受伤，直接经济损失3.51亿元。2014年12月30日，国务院对事故调查报告作出批复，认定这是一起生产安全责任事故，同意对事故责任人员及责任单位的处理建议，涉嫌犯罪的18名责任人已移送司法机关采取措施，其他35名责任人受到党纪、政纪处分。

资料链接

社会的歧视，再加上缺少生产技术和文化，中国的农民工普遍集中在劳动密集型行业和一些特别脏、苦、累的行业。我国建筑业的90%、煤矿业的80%和纺织业的60%的务工人员都是农民工，他们为城市的繁华做出了巨大的贡献。但农民工不仅身体状况、劳动报酬没有保障，有时甚至生命安全都会受到严重威胁。据国家安全生产监督管理部门公布：在各地煤矿每年死亡的6000多人中，基本上都是农民工。据了解，目前建筑施工、餐饮服务等企业拖欠农民工劳动报酬的情况仍比较严重。

五、接受职业技能培训的权利

接受职业技能培训的权利指未正式参加工作的劳动者与在职劳动者都有接受技术业务知识和实际操作技能的教育与训练的权利。具体包括：

1. 获得参加各种职业培训资格的权利。劳动者依法要求参加规定的各种职业技能培训的，用人单位不得拒绝。

2. 在职工培训中，劳动者有获得规定的学习时间的权利。对于按规定必须安排一定工作时间从事学习的，用人单位应当积极安排。

3. 在职业培训中，按规定由用人单位负担的费用，用人单位应当支付，已经由劳动者代付的，用人单位必须依法返还。

4. 进行特殊培训的权利。从事特种作业的劳动者，有权要求用人单位进行专门培训。

5. 获得职业培训证书或资格证书的权利。

资料链接

20世纪90年代中国火箭发射的几次失败，主要原因不是设计问题，而是发动机的焊接点在上天后经受不住高压开了缝。后来，正是由于年轻的工人技师运用自己的技能，解决了焊接难题，才保证火箭成功上天。基地专家学者们感言："科学家设计得再好，工人的制造跟不上，设计则只能是个梦！"

数据显示，在全球47个国家的国际竞争力排名中，中国合格工程师、信息技术熟练工人和熟练劳动力的易获得性，分别排在倒数第一、二、四名。

六、享受社会保险和社会福利的权利

社会保险权是指劳动者在其遭遇生、老、病、死、伤、残及失业问题时，有获得国家与社会物质帮助的权利。社会福利权是指劳动者享有用人单位为提高职工的生活质量而提供的各种服务的权利。

知识链接

劳动者享有的社会保险类型及经费分担情况表

险　种	单位缴费比例	个人缴费比例
养老保险	10%	8%
失业保险	2%	1%
医疗保险	8%	2%
工伤保险	0.5%、1%、1.5%、2%	不缴费
生育保险	0.80%	不缴费

案例链接

2013年4月13日，第八次沙尘天气再次席卷了华北大部分地区，局部地区风力达6—7级。就在当日，某化肥厂劳资处办事员程林骑车冒着风沙前往劳动和社会保障局办理业务，途经平安路时，风力加大，树枝在风中呼呼作响，突然直径10余厘米的树枝被折断，恰巧砸在路过的程林身上，立即人倒车翻，程林肩部被树枝砸伤，脚踝部被车压伤。经医院诊断，程林右脚踝骨骨折，需进行住院治疗。程林本人提出工伤待遇申请，经单位研究同意上报，劳动和社会保障局社会保险处调查核实，予以认定为工伤。

七、法律规定的其他权利

法律规定的劳动者的其他权利包括：依法参加和组织工会的权利；依法参与民主管理的权利；依法参加社会义务劳动的权利；从事科学研究、技术革新、发明创造的权利；依法解除劳动合同的权利等。

第二节　订立合法有效的劳动合同

一、劳动合同的订立

（一）订立劳动合同的劳动者

是指达到法定年龄，具有劳动能力，并实际参加社会劳动，以自己的劳动收入为生活资料主要来源的自然人。法定年龄是指就业年龄为16周岁以上，特殊行业如文艺、体育和特种工艺单位确需招用未满16周岁的劳动者时，要报县级以上劳动行政主管部门批准。劳动能力是指劳动者的身体与智力状况能完全从事或部分从事正常劳动的能力。

知识链接

应订立劳动合同的人员	不应订立劳动合同的人员
试用期员工	未成年人
临时工	已退休或离休的人员
季节工	本单位实习的在校学生
农民工	外单位借调人员

案例链接

大学生投诉洋快餐克扣工资未达最低工资标准

2007年曾在广东身陷"低薪门"事件的洋快餐麦当劳，在重庆也遭遇类似投诉——一名在麦当劳担任兼职服务员的大学生称，麦当劳为其提供的报酬是每小时3.9元，未达重庆市规定的非全日制小时最低工资标准——每小时5.8元。麦当劳回应称，在校大学生不属于劳动者，不能适用劳动法关于非全日制用工最低工资标准的规定。双方签订的《兼职服务员劳务协议》是劳务协议而不是非全日制劳动合同。按我国法律规定，签订劳务协议也应遵守最低工资标准制度。

知识链接

在校学生实习只能签订实习协议。非全日制用工双方当事人可以订立口头协议。家庭雇佣保姆（非家政公司派遣）、农民雇帮工、摄制组雇演员、无照摊商雇工、个人承包者自己雇工，按《民法通则》调整，不属于《劳动合同法》调整范围。

（二）劳动合同订立的时间与劳动合同的类型

1. 劳动合同订立的时间

劳动合同的订立时间可以分为三种情况：实际用工之前、实际用工之时、实际用工之后。

用人单位自用工之日起满一年不与劳动者订立书面劳动合同的，视为用人单位与劳动者已订立无固定期限劳动合同。

案例链接

小李托亲戚找朋友好不容易进了一家公司，当时没有签订合同，进去后干的活很杂，工作岗位不固定，每个月领的工资也不一样。一年后，他多次与公司协商签订劳动合同，想把工作岗位、内容、工资等各方面固定下来，可公司总是以"我们需要的就是一个能干杂活的人""公司效益不固定工资也不能固定""如果不想干就另谋高就"等理由予以推托。结果，他干了一年多，合同也没签成，后来公司换了个老板，一上任就把他辞退了。

按《劳动合同法》的规定，用人单位自用工之日起满一年未与劳动者订立书面劳动合同的，自用工之日起满一个月的次日至满一年的前一日应当依照《劳动合同法》第82条的规定向劳动者每月支付两倍的工资，并视为自用工之日起满一年的当日已经与劳动者订立无固定期限劳动合同，应当立即与劳动者补订书面劳动合同。

知识链接

如果用人单位迟迟不签订劳动合同，劳动者应当尽量获取并保留工资单、考勤记录等能够证明本人与用人单位存在劳动关系的证明材料。

2. 劳动合同订立的类型

劳动合同从体现方式上分为书面形式与口头形式，全日制职工必须订立书面形式的劳动合同。

劳动合同从期限上分三种形式：

（1）有固定期限劳动合同。是指劳动合同双方当事人明确约定合同有效的起始日期和终止日期的劳动合同，期限届满，合同即告终止。双方当事人可根据生产、工作的需要确定劳动合同的期限。有固定期限的劳动合同适用范围比较广泛，灵活性较强。

（2）无固定期限劳动合同。又称不定期劳动合同，是劳动合同双方当事人只约定合同的起始日期，不约定其终止日期的劳动合同。

我国《劳动合同法》第14条规定，除用人单位与劳动者双方协商一致订立无固定期限劳动合同外，有下列情形之一，劳动者提出或者同意续订劳动合同的，除劳动者提出订立固定期限劳动合同外，应当订立无固定期限劳动合同：劳动者在该用人单位连续工作满十年的；用人单位初次实行劳动合同制度或者国有企业改制重新订立劳动合同时，劳动者在该用人单位连续工作满十年且距法定退休年龄不足十年的；连续订立二次固定期限劳动合同，且劳动者没有本法第39条和第40条第一项、第二项规定的情形，续订劳动合同的。

（3）以完成一定工作任务为期限的劳务合同。是指劳动合同双方当事人将完成某项工作或工程作为合同有效期限的劳动合同。它一般适用于建筑业、临时性、季节性的工作或由于其工作性质可以采取此种合同期限的工作岗位。

案例链接

    老王在单位干了十多年，对单位也挺有感情。在他的劳动合同到期后，单位想让他留下来，所以双方续签了劳动合同。老王心想，自己已经在本单位工作十多年了，按《劳动合同法》规定，是可以与单位签订无固定期限合同的，想到这儿，他本想提醒单位一下。可是又一想，单位人事部的人政策水平一定比自己高，肯定早就知道这条规定了，自己就用不着提醒人家了，所以他一直没吱声。而单位人事部的负责人只起草了一份一年期的合同，让老王签字。当时，老王也没细看，大笔一挥，就签上了自己的名字。过了一个月后，老王无意间又看了一眼合同，发现上面的劳动合同期限是一年。于是他拿着合同去找人事部经理，问："为什么没跟我签无固定期限合同？"人事部经理回答："当时你并没有说要签无固定期限合同啊，我们现在的合同并不违法。"

    该经理的解释是错误的，按劳动合同法的规定，老王符合订立无固定期限劳动合同情形，只要老王未提出订立固定期限合同，单位就应与之订立无固定期限劳动合同。

二、签订劳动合同时应注意的条款与内容

（一）劳动合同的必备条款

1. 用人单位的名称、住所和法定代表人或主要负责人。

2. 劳动者的姓名、住址和居民身份证或者其他有效身份证件号码。

3. 劳动合同期限。

4. 工作内容和工作地点。

5. 工作时间和休息休假。

6. 劳动报酬。

7. 社会保险。

8. 劳动保护、劳动条件和职业危害防护。

9. 法律、法规规定应当纳入劳动合同的其他事项。

案例链接

星云公司劳动合同缺乏必备条款

甲方：星云公司

乙方：张强

甲乙双方经友好协商，就劳动合同的事项达成如下协议：

1. 乙方的职务为内部网络维护工程师，主要负责公司内部网络数据规划和建设；负责内部网络的安全和维护。

2. 乙方正常的工作时间为每日 8 小时。

3. 甲方根据工作需要要求乙方加班时，乙方除不可抗拒的原因，应予以配合。

4. 乙方需遵守《员工手册》中规定的各项劳动纪律。

5. 甲方应按月支付乙方报酬，乙方的工资待遇为 2000 元／月。

6. 本合同一式两份，甲乙双方各执一份，经双方签章后于 2003 年 8 月 1 日起生效。

7. 本合同为长期合同，甲乙双方若不特别声明，本合同持续有效。

8. 甲乙双方在履行本合同的过程中发生争议，同意以劳动局为第一审理机关。

甲方：   乙方：

                                             2008 年   月   日

此劳动合同中缺乏的款项包括：用人单位与劳动者的具体信息；合同期限；劳动者的休息时间规定；劳动者的社会保险缴纳；劳动保护条件等。

（二）劳动合同的可备条款

劳动合同除必备条款外，用人单位与劳动者可以协商约定试用期、培训服务期、保守商业秘密与竞业限制、补充保险和福利待遇等其他事项。

1. 试用期条款

所谓试用期，是用人单位和劳动者建立劳动关系后为了相互了解、相互选择而约定的相互考察期。

（1）试用期的时间规定。劳动合同期限三个月以上不满一年的，试用期不得超过一个月；合同期限一年以上三年以内的，试用期不得超过两个月；合同期限三年以上的，试用期不得超过六个月；合同期限不满三个月的，不得约定试用期。

（2）试用期内劳动合同的解除。在试用期内，劳动者须遵循解除预先通知期，即提前 3 天通知用人单位后才可以解除劳动合同；而用人单位须在试用期间证明劳动者不符合录用条件后才可以解除劳动合同。

案例链接

　　小范毕业于北京市一所计算机专科学校。2007年年初，他到某科技软件公司应聘电脑动画设计员，经考核合格被录用。双方签订了三年的劳动合同，合同中约定：试用期为三个月（自3月12日起至6月11日止）。在试用期内，小范工作热情很高，但由于他刚接触此类工作，加之经理一直分给他一些很复杂的设计任务，导致他压力过大，一直搞不太好。6月11日，经理对他说："今天是你试用期的最后一天，公司要对你的水平进行考核，我现在给你一个活儿，你必须在今天搞出完整的动画设计。如果你能保质保量地完成，就说明你符合公司录用条件所规定的技术水平要求，否则你只能走人。"

　　用人单位在试用期内考核员工是否合格，标准只有客观公正，考核结果才能作为是否录用劳动者的条件。

　　（3）试用期内的工资。劳动者在试用期的工资不得低于本单位相同岗位最低档工资的80%或者不得低于劳动合同约定工资的80%，同时不低于用人单位所在地的最低工资标准。

案例链接

　　小赵技校毕业后，听人说北京企业多、就业机会多，就来到北京租了一所简易的住房，开始努力地找工作。因为自己学历仅为中专，又是外地户口，所以一直没找到合适的工作。2013年年底，在一个老乡的介绍下，小赵被密云的一家机械制造厂招聘为合同制工人，双方签订了为期三年的劳动合同。合同中约定：试用期为两个月，在试用期内每月工资为1200元。由于踏实肯干、技术合格，试用期过后，小赵顺利成为该厂的正式员工。一次偶然的机会，小赵了解到北京市当年的最低工资标准是1400元，于是他找到单位相关负责人，要求按照最低工资标准补足自己两个月的试用期工资。老板认为小赵在试用期内不算企业的正式职工，最低工资不适用于试用期职工，因而拒绝了小赵的要求。

　　本案中，企业的做法是错误的，应按不低于当地最低工资标准确定员工试用期内的工资。

2. 培训服务期条款

内容包括三个部分：

（1）服务期限，即劳动者应为用人单位提供服务的时间。

（2）用人单位在服务期限内应对劳动者提供的培训及其他额外福利待遇。

（3）劳动者违约应承担的违约责任。

3. 保守秘密与竞业限制条款

指用人单位与负有保守用人单位商业秘密的劳动者，在劳动合同、知识产权权利归属协议或技术保密协议中约定的竞业限制条款，内容为：劳动者在终止或解除劳动合同后的一定期限内不得在生产同类产品、经营同类业务或有其他竞争关系的用人单位任职，也不得自己生产与原单位有竞争关系的同类产品或经营同类业务。

案例链接

　　某公司从国外引进了一套新型加工设备，由于该公司的技术人员无法掌握这套设备的全部技术，于是将一名高级技术人员黎某派往国外参加技术培训，以便全面掌握新设备的有关技术。

　　公司与黎某签订《培训协议》后，便送黎某到国外接受培训，为此公司花费专项培训费用近20万元。黎某回国后，公司在他的指导下很快解决了技术难题，取得了丰厚的经济效益。没想到，三个月后，某外资企业以月薪5万元的高薪"挖走"了黎某。黎某向公司提出辞职，公司经理坚决反对："我们为了培养你花了20万的培训费，咱们的《培训协议》中规定你有5年的服务期，现在你还在服务期内，要走，就得支付违约金。"黎某对经理的要求根本不予理睬，从第二天起就不再去公司上班。

　　公司无奈，只得向当地的劳动争议仲裁委员会提出要求黎某支付违约金的仲裁申请。仲裁委员会按照《劳动合同法》的规定，劳动者违反服务期约定的，应当按照约定向用人单位支付违约金，支持了公司的请求。

三、劳动合同的解除

（一）劳动合同解除的一般规定

1. 可以协商解除，即用人单位与劳动者双方协商一致的情况下解除合同。

2. 用人单位应当出具解除或者终止劳动合同证明。

3. 用人单位应当15日内为劳动者办理档案和社保关系转移手续。

4. 劳动者应当办理工作交接手续。

5. 用人单位支付经济补偿的，应在办结工作交接时支付。

6. 用人单位终止和解除劳动合同后，合同文本应保留 2 年以上备查。

7. 用人单位违法解除或终止劳动合同的，劳动者可以要求继续履行。

案例链接

未与职工协商，企业解除劳动合同，被判双赔

杨某于 2007 年 7 月到无锡某俱乐部工作，双方签订了自 2008 年 1 月 1 日至 2010 年 12 月 31 日的书面劳动合同一份。2008 年 12 月 25 日下午，在未与杨某协商的情况下，俱乐部口头通知杨某解除劳动合同，并向杨某支付了 1500 元经济补偿金。杨某随后向仲裁部门提出仲裁，仲裁部门裁决俱乐部为杨某补办退工手续，退工理由为单位违法解除劳动合同，并支付杨某加班工资及双倍赔偿金差额合计 9345 元。俱乐部对裁决不服，诉至法院。

法院审理后认为，双方劳动合同截止日期为 2010 年 12 月 31 日，而用人单位在没有任何法律事实的情形下，提前口头通知与杨某解除劳动合同，违反了法律及合同约定，应当认定用人单位违法解除劳动合同。用人单位应当支付加班工资以及双倍赔偿金。

（二）劳动者解除劳动合同

1. 劳动者单方面解除劳动合同

时间规定：需提前 30 日，试用期内提前 3 日；形式：须以书面形式。

劳动者在解除劳动合同后应履行如下义务：

（1）应当履行工作交接的义务。

（2）劳动合同解除后，应注意履行保守用人单位秘密的义务。

（3）劳动者还应当向用人单位索取解除劳动合同证明。

（4）劳动者应当配合用人单位办理档案转移和社会保险转移手续。

案例链接

小张 2008 年 3 月入职一家电子公司，双方签订了一份为期 3 年的劳动合同。2009 年 6 月，小张为了更好的发展向公司提交辞职信，告知公司其将于一个月后

正式辞职。公司收到辞职信后，要求小张收回辞职决定，继续履行劳动合同。小张的态度很坚决，拒绝收回辞职信，并于2009年7月到公司人事部办理辞职手续。人事部以未得到公司批准其辞职通知为理由拒绝办理离职手续。

在本案中，小张以书面形式提前30日通知单位解除劳动合同，是符合《劳动合同法》的规定的。用人单位在其提出辞职后，不予以办理离职手续，是违法的。

资料链接

又到"金三银四"跳槽季

近日，智联招聘网站发布《2015年春季白领跳槽指数调研报告》，报告数据分析来自超过12000份有效问卷。调查显示，广州白领中有12.5%已开始办理离职／入职手续，52.9%的职场人正在行动。对薪酬待遇不满是广州白领跳槽的首要原因。其中，80后、90后是跳槽主力军。

统计报告的相关负责人介绍，与2014年春季及秋季两次调查的结果相比较，2015年白领的跳槽意愿明显增强，不仅已经跳槽的白领比例增高，已经更新简历正在寻找新机会的白领也远远多于2014年。

为此，法律专家提醒，劳动者必须依法与用人单位解除劳动合同，不能一走了之。

2. 用人单位违法时劳动者可随时解除劳动合同

用人单位存在以下情形的，劳动者可随时解除劳动合同：

（1）未按照劳动合同约定提供劳动保护或者劳动条件的。

（2）未及时足额支付劳动报酬的。

（3）未依法为劳动者缴纳社会保险费的。

（4）用人单位的规章制度违反法律、法规的规定，损害劳动者权益的。

案例链接

2009年7月，刘某从某矿冶学校毕业后，被某有色金属矿山企业录用，并签订了5年期劳动合同。劳动合同中约定，刘某负责指导一线开采工作，企业提供必要的劳动保护条件，工资待遇与企业管理人员相同。刘某工作后，按约定到一线工作，但一直没有获得相应的劳动保护设备。刘某向企业负责人提出，负责人却辩称刘某是管理人员，不是真正的一线工人，不能像一线工人那样领取劳动保护设备，由于工作需要，也无法享受企业机关科室人员的工作环境。刘某认为企业的这种做法违反了劳动合同中关于劳动条件的约定，提出解除劳动合同，并要求企业支付经济补偿金。企业则提出，如果刘某擅自解除劳动合同，要赔偿企业培训费。

本案中，用人单位未按规定提供必要的劳动条件，刘某可随时解除劳动合同，并要求企业支付补偿金。

（三）用人单位解除劳动合同

1. 单方面随时解除

劳动者存在以下情形的，用人单位可随时解除劳动合同：

（1）在试用期间被证明不符合录用条件的。

（2）严重违反用人单位的规章制度的。

（3）严重失职，营私舞弊，给用人单位造成重大损害的。

（4）劳动者同时与其他用人单位建立劳动关系，对完成本单位的工作任务造成严重影响，或者经用人单位提出，拒不改正的。

（5）被依法追究刑事责任的。

案例链接

肖某是上海一中日合资企业的员工。公司没有汽车和专职司机，为了工作需要，公司与一家出租汽车公司签订了租赁合同。肖某偷偷配了公车钥匙。某年7月，他趁司机不在，与同事开车出去，被领导发现，肖某与同事受到处理。按理说，肖某应该吸取教训。但同年8月，他又开着公车带女友兜风。为了不让公司发觉，他将油箱里的汽油加满，又让人将计程器往回调，自以为做得天衣无缝。谁料，就在他偷偷送车回单位时，恰巧碰上了一个日方管理人员。公司以肖某偷开公车、屡教不改、弄虚作假为由，与肖某解除了劳动合同。丢了工作的肖某，很不服气，于是以公司从未向他宣传过规章制度、处理过重为由，向劳动争议仲裁委员会提出申诉。公司对此解释称：公司有《业务规定》，入职培训时，就明确告诉员工，非司机人员不得驾驶公车。但肖某却对此置若罔闻，屡屡违反，因此，公司解除了与他的劳动合同。

2. 用人单位附条件解除劳动合同

具备以下情形之一，用人单位要提前 30 日通知劳动者或额外支付一个月工资，才能解除劳动合同。

（1）劳动者患病或者非因工负伤，在规定的医疗期满后不能从事原工作，也不能从事由用人单位另行安排的工作的。

（2）劳动者不能胜任工作，经过培训或调整工作岗位，仍不能胜任工作。

（3）劳动合同订立时所依据的客观情况发生重大变化，致使劳动合同无法履行，经用人单位与劳动者协商，未能就变更劳动合同内容达成协议。

案例链接

高某在职期间右眼被诊断为急性黄斑出血，随即医院开出病假单。三个月过去了，高某的病情仍未好转，公司认为高某的工作岗位全是电脑操作，视力不行，很难在原岗位继续工作。鉴于高某的情况，公司在高某医疗期结束后，为其重新安排岗位，但高某仍无法胜任。于是单位提前 30 天通知与其解除了劳动关系，并依法支付了经济补偿金。

3. 用人单位解除劳动合同的限制

劳动者有下列情形之一的，用人单位不得解除劳动合同：

（1）从事接触职业病危害作业的劳动者未进行离岗前职业健康检查，或者疑似职业病病人在诊断或者医学观察期间的；

（2）在本单位患职业病或者因工负伤并被确认丧失或部分丧失劳动能力；

（3）患病或者非因工负伤，在规定的医疗期内的；

（4）女职工在孕期、产期、哺乳期的；

（5）在本单位连续工作满 15 年，且距法定退休年龄不足 5 年的；

（6）法律、行政法规规定的其他情形。

案例链接

曲乐恒是辽足队员。2001 年他身披 7 号战袍代表辽宁足球队参加中国足协超霸杯赛，并凭借三粒进球，帮助球队以 4：2 完胜山东队，夺得超霸杯冠军。然而此后的一场车祸，彻底改变了他的人生。2008 年 7 月，原沈阳市劳动和社会保障局对曲乐恒作出工伤认定，认定曲乐恒构成工伤。曲乐恒在履行完工伤认定法律程序后，即向沈阳市和平区法院提出诉讼，以"自己经鉴定已构成二级残疾"等为由，请求判令辽宁足球俱乐部继续履行劳动合同，给予赔偿以及必要的生活保障。

2011年法院经审理后认为，曲乐恒与辽宁足球俱乐部签订的《职业运动员工作合同》是双方当事人真实意思的表示，并已实际履行，合法有效。现曲乐恒经鉴定已构成工伤二级残疾，依据劳动合同法的规定，保留劳动关系，退出工作岗位并享受相关的工伤待遇，辽足应继续履行劳动合同。

四、劳动合同的终止

（一）劳动合同终止的情形

1. 劳动合同期满。

2. 劳动者开始依法享受养老保险待遇的。

3. 劳动者死亡、被人民法院宣告死亡或失踪的。

4. 用人单位被依法宣告破产、被吊销营业执照、责令关闭、撤销的。

5. 用人单位决定提前解散的。

6. 法律、行政法规规定的其他情形。

（二）劳动合同终止后当事人的义务

1. 劳动者要履行的义务包括：办理工作交接；约定了竞业限制协议的，履行协议；如劳动者违法解除劳动合同，给用人造成损害的，承担赔偿责任。

2. 用人单位的义务包括：在15日内为劳动者办理档案转移和社会保险转移手续；应该向劳动者支付经济补偿金的，支付经济补偿金；劳动合同文本至少保留两年备查。

案例链接

王某是国内少数掌握某种特殊材料研制、开发、生产技术的专家之一。国内部分企业掌握了该材料的生产工艺。2008年2月，王某受聘于甲公司主持该材料的生产和开发，双方签证的合同中包括了竞业禁止条款：王某对公司商业秘密承担保密业务。同时，公司员工手册也对员工的保密义务作了规定。2010年2月劳动合同到期后，王某到乙公司从事相同工作，结果对甲公司造成冲击。

王某在劳动合同终止后，未按协议遵守竞业限制义务，应承担相应责任。

五、劳动合同解除或终止时用人单位要支付经济补偿金的情形

经济补偿金是劳动者在无过失的情况下,用人单位与劳动者解除或终止劳动合同时,给予劳动者的补偿。经济补偿金适用于以下情形:

1. 用人单位违法在先，劳动者提出解除劳动合同的。

2. 双方协商一致解除劳动合同，且解除劳动合同是由用人单位首先提出的。

3. 劳动者本身无过错，用人单位单方解除劳动合同的。

4. 劳动合同期满，用人单位不续签劳动合同或者降低条件续签劳动合同，劳动者不同意的。

5. 用人单位破产、被吊销营业执照、责令关闭或者提前解散的。

6. 工伤员工劳动合同终止的，除支付经济补偿外，还要支付依据《工伤保险条例》规定应该支付的一次性工伤治疗补助金和伤残就业金。

案例链接

沈某于 2010 年 3 月 10 日跳槽至某公司担任项目经理，双方每年签订 1 年期的劳动合同。2011 年 2 月公司与沈某在签订的劳动合同中，对工资作了调整，约定沈某的工资为 10000 元。2012 年 1 月 31 日双方劳动合同期满，公司决定不再续订劳动合同，当沈某向公司索要经济补偿金时，遭到公司拒绝。沈某认为公司的做法是违法，随即申请劳动仲裁，要求公司按照《劳动合同法》的规定支付终止劳动合同 3 个月的经济补偿金 3 万元。仲裁委员会依据劳动法中劳动合同期满，用人单位不再续签合同，需支付劳动者经济补偿金的规定，支持了沈某的请求。

知识链接

经济补偿金的计算

经济补偿按劳动者在本单位工作的年限，每满 1 年支付 1 个月应发工资的标准向劳动者支付。6 个月以上不满 1 年的，按 1 年计算；不满 6 个月的，向劳动者支付半个月工资的经济补偿金。

劳动者月工资高于用人单位所在直辖市、设区的市级人民政府公布的本地区上年度职工月平均工资三倍的，向其支付经济补偿的标准按职工月平均工资三倍的数额支付，向其支付经济补偿的年限最高不超过十二年。

第三节　解决劳动争议的途径

劳动争议是指劳动关系当事人之间因劳动的权利与义务发生分歧而引起的争议，又称劳动纠纷。我国解决劳动争议的途径有：协商解决、调解、劳动仲裁、提起诉讼等。

一、协商解决

劳动者与用人单位双方可以自行协商解决或有工会、第三方参加和解。协商不是处理劳动争议的必经程序，双方可以协商，也可以不协商。

协商程序为：

1. 一方当事人提出与另一方当事人约见、面谈。

2. 另一方应在 5 日内作出口头或者书面回应（超过 5 日不回应视为拒绝协商），双方书面约定协商期限。

3. 双方协商达成一致，签订书面和解协议。和解协议对双方当事人具有约束力，当事人应当履行。协商不成的，当事人在约定的期限内可以向依法设立的调解组织申请调解，也可以依法向劳动争议仲裁委员会申请仲裁。

二、劳动争议调解

（一）劳动争议调解组织

1. 依法设立的基层人民调解组织。

2. 在乡镇、街道设立的具有劳动争议调解职能的组织。

3. 企业劳动争议调解委员会。由职工代表和企业代表组成，职工代表由工会成员担任或者由全体职工推举产生，企业代表由企业负责人指定。

（二）调解范围

1. 因确认劳动关系发生的争议。

2. 因订立、履行、变更、解除和终止劳动合同发生的争议。

3. 因除名、辞退和辞职、离职发生的争议。

4. 因工作时间、休息休假、社会保险、福利、培训以及劳动保护发生的争议。

5. 因劳动报酬、工伤医疗费、经济补偿或者赔偿金等发生的争议。

6.法律、法规规定的其他劳动争议。

（三）调解程序

1.调解申请

指企业劳动争议的双方当事人以口头或书面的形式向企业劳动争议调解委员提出的调解请求。调解并非解决劳动争议的必经阶段，双方当事人可以申请调解，也可以申请仲裁。

2.案件受理

案件受理是指企业调解委员会在收到调解申请后，经过审查，决定接受案件申请的过程。调解申请可以是双方当事人共同提出，也可以是一方提出，但必须是在双方合意的情况下。

3.进行调查

调查的内容主要包括：争议双方当事人争议的事实及对调解申请提出的意见和依据；调查争议所涉及的其他有关人员、单位和部门及他们对争议的态度和看法；察看和翻阅有关劳动法规以及争议双方订立的劳动合同或集体合同等。

4.实施调解

实施调解是指通过召开调解会议对争议双方的分歧进行调解。调解会议一般由调解委员会主任主持，参加人员是争议双方当事人或其代表。

5.调解协议的执行

调解协议达成后，争议双方当事人都应按达成的调解协议书的内容自觉地执行。调解不成，当事人可申请进行劳动仲裁。

案例链接

安定镇一位在食品厂工作的妇女为了拆下电风扇插座，不幸触电身亡。事发后，死者家属和食品厂老板在安定镇派出所协商善后事宜，死者的丈夫叶某要求对方支付各项赔偿金共计80万元，但食品厂老板只同意赔偿30万元，双方因此僵持不下。当天下午4点多，失去耐心的死者亲属情绪开始激动，准备将死者遗体运到食品厂老板家中，声称不按其要求赔偿绝不安葬。此时，食品厂老板的数十名亲友闻讯赶来，双方陷入对峙。如果事件得不到及时解决，一场群体性事件眼看就要发生。

下午5点，安定镇人民调解委员会接到报告后，迅速派调解员赶到现场，进行调解，经过艰苦细致的劝说工作，当天晚上零点左右，双方终于握手言和，达成了调解协议：由食品厂赔偿死者家属各项损失共计39万元。一起一触即发的矛盾终于被化解。

资料链接

截至 2014 年年底，全国工会已建立劳动争议调解委员会 105.4 万个，其中区域性行业性劳动争议调解组织 2.7 万个，有调解员 288.7 万人。中华全国总工会及各级工会积极主动做好劳动争议调处工作，把参与社会矛盾纠纷多元化解决机制建设作为工会组织依法履行维护职能、化解劳动关系矛盾、推动和谐社会建设的一项重要工作来抓，着力预防化解矛盾和妥善调处劳动争议，取得了一定成效。

三、劳动争议仲裁

劳动争议仲裁是指劳动争议仲裁委员会根据当事人的申请，依法对劳动争议在事实上作出判断、在权利义务上作出裁决的一种法律制度。劳动仲裁程序是当事人向人民法院提起诉讼的必经程序。

（一）仲裁组织

劳动争议仲裁委员会由劳动行政主管部门、同级工会、用人单位方面三方代表组成，劳动争议仲裁委员会主任由劳动行政主管部门的负责人担任。劳动行政主管部门的劳动争议处理机构为仲裁委员会的办事机构，负责办理仲裁委员会的日常事务。劳动仲裁是提起诉讼的必经程序。

（二）仲裁范围

1. 因确认劳动关系发生的争议。

2. 因订立、履行、变更、解除和终止劳动合同发生的争议。

3. 因除名、辞退和辞职、离职发生的争议。

4. 因工作时间、休息休假、社会保险、福利、培训以及劳动保护发生的争议。

5. 因劳动报酬、工伤医疗费、经济补偿或者赔偿金等发生的争议。

6. 法律、法规规定的其他劳动争议。

（三）仲裁程序

1. 案件受理

一是当事人在规定的时效内向劳动争议仲裁委员会提交请求仲裁的书面申请。二是案件受理。仲裁委员会在收到仲裁申请后一段时间内要作出受理或不受理的决定。

2. 调查取证

调查取证的目的是收集有关证据和材料，查明争议事实，为下一步的调解或裁决做好准备工作。

3. 调解

仲裁庭在查明事实的基础上，首先要做调解工作，努力促使双方当事人自愿达成协议。对达成协议的仲裁庭还需制作仲裁调解书。

4. 裁决

经仲裁庭调解无效或仲裁调解书送达前当事人反悔、调解失败的，劳动争议的处理便进入裁决阶段。

5. 执行

仲裁调解书自送达当事人之日起生效；仲裁裁决书在法定起诉期满后生效。生效后的调解或裁决，当事双方都应该自觉执行。

案例链接

争议纠纷，超过时效被驳回

李某自 2007 年 4 月 2 日供职于某公司，试用期为 2 个月，试用期满后，公司一直未与其签订书面劳动合同，但双方一直存在事实劳动关系。2008 年 2 月公司停发李某工资，3 月底李某得知后，便电话询问公司老总，老总告诉李某不要来上班了，双方解除劳动关系。2008 年 7 月 23 日，李某书面传真一份文件要求公司补发工资、奖金等各项损失计 13645 元，但一直未获得补偿。于是，2009 年 10 月 13 日，李某便向仲裁部门申请仲裁，要求公司补发工资、补缴社会保险、补偿一个月的工资和未签订劳动合同的两倍工资等。10 月 14 日，仲裁委员会以原告申请超过仲裁申诉时效为由，决定不予受理。

知识链接

劳动争议仲裁时效

劳动争议仲裁时效，是指当事人因劳动争议纠纷要求保护其合法权利，必须在法定的期限内向劳动争议仲裁委员会提出仲裁申请，否则，法律规定消灭其申请仲裁权利的一种时效制度。

2008 年 5 月 1 日后受理的劳动争议案件适用《劳动争议调解仲裁法》，该法规定，劳动争议申请仲裁的时效期间为一年。仲裁时效期间从当事人知道或者应当知道其权利被侵害之日起计算。2008 年 5 月 1 日前发生的劳动争议案件，有关仲裁时效和起诉的规定适用《劳动法》第 82 条：提出仲裁要求的一方应当自劳动争议发生之日起 60 日内向劳动争议仲裁委员会提出书面申请。

四、劳动争议诉讼

劳动争议的诉讼是指劳动争议当事人不服劳动争议仲裁委员会的裁决，在规定的期限内向人民法院起诉，人民法院依法受理后，依法对劳动争议案件进行审理的活动。

（一）提起劳动诉讼须具备的条件

1. 起诉人必须是劳动争议的当事人。

2. 必须是不服劳动争议仲裁委员会仲裁而向法院起诉，不能未经仲裁程序直接向法院起诉。

3. 必须有明确的被告、具体的诉讼请求和事实依据。

4. 起诉不得超过诉讼时效，即收到仲裁决定书之日起 15 日内起诉。对于经仲裁委员会调解达成调解协议的，当事人不得再起诉，法院也不受理。

5. 起诉必须依法向有管辖权的法院起诉。一般应向仲裁委员会所在地的人民法院起诉。

案例链接

因国务院调整对企业办中小学退休教师待遇，这引起了退休多年的蔡阿婆对宝钢集团上海梅山有限公司将她作为技校教师退休处理的不满。为此，蔡阿婆把梅山公司告上法院，要求确认自己不是梅山技校退休老师，而是上海梅山冶金公司第一中学退休高级教师，请求给予相应的退休待遇。上海市静安区人民法院对蔡阿婆之诉，裁定驳回起诉。因蔡阿婆究竟该属中学退休还是属技校退休，不属于人民法院受理劳动争议案件的受案范围。

（二）劳动诉讼的程序

1. 起诉和受理

人民法院收到起诉状或者口头起诉后，进行审查认为符合起诉条件的，应当在 7 日内立案，并通知当事人；认为不符合起诉条件的，应当在 7 日内裁定不予受理；原告对裁定不服的，可以提起上诉。

2. 审理前的准备

正式审理之前人民法院还要做一些准备工作，比如向被告发送起诉状副本，组成合议庭，开展调查或委托调查，通知当事人参加诉讼等。

3. 开庭审理

法庭调查时，按当事人陈述、证人作证、出示证言书证等证据、宣读鉴定结论和勘验笔录的顺序进行。进入法庭辩论后，先由原告及其诉讼代理人发言，然后由被告及其诉讼代理人答辩，再由各方相互辩论。辩论之后由审判长按照原告、被告、第三人的先后顺序征询各方最后意见。

4. 依法作出判决

判决前能够调解的，还可以进行调解，调解不成的，应当及时判决。

案例链接

　　刘争、曹彦等18名员工分别于2007年4月至7月进入上海某广告传媒公司并与公司签订劳动合同，但该公司因经营运转不良，拖欠员工2007年8月至10月的工资，金额从数千元到3万余元不等。2008年1月—2月间，该18名员工向法院起诉，并递交了公司2007年10月30日出具的一份加盖公章的共计拖欠24名员工工资的"白条"。庭审中，公司承认拖欠工资，但表示在2007年11月上旬，公司曾在媒体刊登广告称公司遗失公章、法人代表章、合同章并声明作废。法院经过核实，该公司出具工资欠条一事属实，该公司遗失公章是在出具欠条之后，双方形成的债权债务关系合法有效，遂判决18名员工凭"白条"胜诉。

体验与践行

　　一、小张的母亲病了，他向单位提出休假探亲，单位以他在本地结婚为由，不批探亲假；小张工作的工厂既有刺耳的噪音，又有刺眼的电焊强光，工人向工厂要求发放劳动安全卫生防护用品，改善劳动条件，遭到厂长拒绝；单位只给资格老的职工办理社会保险，小张等不在其中。

问题：小张的哪些合法权益受到了侵害？

　　二、如此合同书

甲方：凌霄公司　　乙方：孙悟空

1. 甲方招聘乙方为临时弼马温，试用期不确定，由甲方解释。

2. 乙方受聘期间需从事义务劳动，创建国家级卫生马棚，每月可以休息一天。

3. 乙方受聘期间工资采取"朝三暮四制度"，每天七个烂桃。

4. 在管理马匹过程中，事故难免、生死有命，乙方自行承担安全保障。

问题：悟空和灵霄公司签订的合同书有什么不合法之处？侵犯了悟空的哪些权利？

三、1999 年 4 月 1 日，张某被深圳某公司（以下简称"公司"）招聘为车间员工。入职后，双方一直没有签订书面劳动合同。2008 年《劳动合同法》实施后，公司才与张某签订了期限从 2008 年 1 月 1 日起至 2010 年 12 月 31 日止的书面劳动合同。2010 年 12 月 1 日，公司书面通知张某"公司与你签订的劳动合同于 2010 年 12 月 31 日到期，公司不再与你续签劳动合同，于 2010 年 12 月 31 日起终止双方的劳动关系，按《劳动合同法》有关规定，你最近一年每月平均工资为 4000 元，公司将从 2008 年起支付你终止劳动合同经济补偿金 12000 元"，并将通知交由张某签名确认。2010 年 12 月 31 日，张某办理了离职手续，但双方对解除劳动合同经济补偿金一事未能达成一致意见。2011 年 1 月 3 日，张某向劳动争议仲裁委员会提起申诉，要求公司支付违法解除劳动合同赔偿金 96000 元。

问题：1. 公司终止与张某之间的劳动合同是否构成违法解除劳动合同？张某能否获得违法解除劳动合同赔偿金？

2. 张某的经济补偿金应当如何计算？

四、结合所提供材料及文本学写一份劳动仲裁申请书。

材料如下：张××，男，1980 年出生，汉族，于 2005 年受聘于山东某制药公司，公司所在地××市××区××街道××号，法人代表王××。双方签订劳动合同，约定张××负责湖南省区域的市场开拓，工资按照底薪加提成的方式支付。然而，自 2005 年 7 月 1 日始，公司未再支付张某工资，虽张××不断索要，但公司仍一拖再拖，截至 2007 年 6 月 31 日止已拖欠张××工资共 141200 元。张某于 2007 年 7 月向仲裁委员会提出仲裁，要求公司支付 2005 年 7 月 1 日至 2007 年 6 月 31 日工资拖欠款合计人民币 141200 元。

劳动争议仲裁申请书文本

申请人：姓名　　年龄　　民族　　出生年月　　联系方式

住所地：

被申请人（公司名称）：

住所地（公司所在地）：

法定代表人：

申诉事项：

事实与理由：

此致

×××劳动争议仲裁委员会

申请人：

崇尚程序正义

1. 了解民事诉讼、刑事诉讼、行政诉讼的基本程序；
2. 理解法律程序对于维护公平正义的作用；
3. 熟悉公民享有的主要诉讼权利；
4. 认识证据的地位与作用。

案例导入

2014 年 12 月 17 日上午，马某到夏邑县某超市购物后离开，该超市保安人员在出口处看到马某大衣里鼓鼓囊囊，疑为盗窃了超市的东西，遂要其把大衣脱下进行检查，马某不同意，双方发生纠纷。在此过程中，马某眼部、脸部受伤，身体也受到一定伤害。马某住院治疗 10 天，花去医疗费、交通费等共计 4500 元。马某将该超市告上法院，要求超市进行赔偿。

思考

1. 超市是否有权利搜查马某的身体?
2. 该案应适用何种诉讼程序?

第一节　崇尚程序正义

一、诉讼的基本程序

诉讼，俗称"打官司"，是指人民法院在诉讼参与人的参加下，依照法定权限和程序进行审理并解决争议的活动。根据诉讼要解决的案件性质、内容等因素的不同，诉讼可分为：民事诉讼、行政诉讼、刑事诉讼。

（一）民事诉讼程序

民事诉讼，指公民、法人或者其他组织之间发生民事纠纷后，请求法院进行裁判的司法活动。它是人民法院审理民事案件必须遵循的时限、步骤、方式等要求的总和，即从法院立案受理到对民事案件作出最终判决的全部过程。民事诉讼程序包括第一审判程序、第二审判程序和审判监督程序。

1. 民事诉讼的管辖

民事诉讼的管辖，是指各级人民法院之间以及同级人民法院之间受理第一审民事案件的权限和分工。民事诉讼管辖可以分为：级别管辖、地域管辖、移送管辖。

级别管辖，是指各级人民法院受理第一审民事案件的职权范围。

地域管辖，是指确定同级人民法院之间在各自辖区受理一审民事案件的分工和权限的管辖。

移送管辖，是指人民法院发现受理的案件不属于本院管辖时，应当移送有管辖权的人民法院，受移送的人民法院应当受理。

2. 民事诉讼参加人

民事诉讼参加人是指参加民事诉讼的当事人和诉讼代理人。

当事人包括原告、被告、共同诉讼人、第三人。

原告，是指认为民事权益受到侵害，或与他人发生争议，为维护其合法权益而向法院起诉的人。

被告，是指被诉称侵犯原告民事权益或与原告发生权益争议，被法院通知应诉的人。

共同诉讼人，是指当事人一方或双方为两人以上（含两人），诉讼标的是共同的，或者诉讼标的是同一种类、人民法院认为可以合并审理并经当事人同意的，一同在人民法院进行诉讼的人。

第三人，是指对于已经开始的诉讼，以该诉讼的原被告为被告提出独立的诉讼请求，或者由该诉讼中的原告或者被告引进后主张独立的利益，或者为了自己的利益，辅助该诉讼一方当事人进行诉讼的参加人。

诉讼代理人，是指以当事人的名义，在一定权限范围内，为当事人的利益进行诉讼活动的人。因代理权的不同，诉讼代理人可分为法定代理人、指定代理人、委托代理人。

（二）行政诉讼程序

行政诉讼俗称"民告官"，是指公民、法人或其他组织认为行政机关及其工作人员的具体行政行为侵犯了自己的合法权益时，依法向法院请求保护，法院依法对具体的行政行为进行审查和裁判的诉讼活动。行政处罚、行政强制措施、行政征收、行政许可、行政给付等侵犯相对人人身权和财产权的具体行政行为，均属于行政诉讼的受案范围。

行政诉讼的审判程序主要包括起诉和受理、第一审程序、第二审程序、审判监督程序、执行程序。

（三）刑事诉讼程序

刑事诉讼指国家专门机关在当事人和其他诉讼参与人的参加下，依法定权限和程序发现、揭露、证实和惩罚犯罪的活动。刑事诉讼程序主要包括立案、侦查、审查起诉、审判、执行程序，而审判程序又包括第一审程序、第二审程序、死刑复核程序、审判监督程序。

二、确保司法程序公正

在法治社会中，审判被视为救治社会冲突的最终、最彻底的方式，社会成员间的任何冲突在其他方式难以解决的情形下均可诉诸法院通过审判裁决。"司法最终裁决"的原则，要求审判必须是公正的。

司法公正，是指司法审判人员在司法和审判过程中，应坚持和体现公平与正义的原则，也就是要进行严格的依法裁判，切实保障公民、法人和其他组织的合法权益，真正做到有法必依，执法必严，违法必究。司法公正分为实体公正和程序公正。

实体公正，是指国家司法人员在执法的过程中，严格按照行政、民事和刑事等实体法的规定处理各种类型的案件。程序公正，指司法程序必须公开、公平、民主地保护当事人诉讼权利，切实保障司法人

> **名人名言**
>
> 一次不公正的裁判，其恶果超过十次犯罪。因为犯罪不过弄脏了水流，而不公正的判决则把水源败坏了。
>
> ——［英］培根

员独立公正地开展司法活动以及充分体现效率的原则，程序公正是司法公正的保障。审判制度或程序真正永恒的生命基础在于它的公正性。不公正的审判会减损人们对法律的信任，使人们对司法制度失去信心。

（一）程序公正的基本原则

1. 独立性原则

司法权由司法机关统一行使，不受行政机关和立法机关的干预，公民个人或非国家机关的社会团体更不能干预。

2. 回避性原则

司法人员与案件或案件当事人有某种特殊关系时，不得办理该案件，其目的是防止徇私舞弊或发生偏见，以有利于案件的公正审理。

3. 公开性原则

立法、行政和司法等程序只要不是影响到国家安全或者个人隐私等例外情形下，都应当公开透明，使公民知道政府行使职权的状况和公民行使国家权力的需要，让一切权力的行使都不能"暗箱操作"，不能以权力寻租获取个人私利。

（二）确保司法公正的意义

首先，司法公正可以引导公众尊重司法程序。在司法机关审判过程中，公平、公正、透明、公开的程序至关重要。程序公正既可以让当事人了解审理案件的过程，又可以对全体社会成员进行尊重程序的教育。当人们因为程序正义而相信司法判决时，国家的法律、法院的判决就能获得服从和遵守，公众信法、服法的局面必将逐步形成。

其次，司法公正可以引导公民尊重法律权威。法律之所以被人们遵守和服从，是因为法律是公正的化身，而司法过程就是主持公正的神圣仪式。一旦司法失去公正这一神圣光环，法律也就失去了公正权威。

第三，司法公正可以在全社会树立对法律的信仰。司法机关公平、公正、公开司法，对于人们相信法律、服从法律具有直接的影响力。如果每一位社会成员都将法律视为维护自身权益的护身符，人们都愿服从法律公正的统治，社会主义和谐社会就会逐渐形成。

第四，司法公正将直接提升公民的道德水准。法律与道德都具有指引、教育、预测和评价的作用。司法机关通过公正司法，对违反法律认可的最低限度的道德行为予以强制纠正，实现了体现在法律中的道德。长此以往，全民的道德水准必将得到较大提高，社会将更加和谐。

资料链接

米兰达警告

美国刑侦片中有很多这样的镜头：每当警察对犯罪嫌疑人宣布拘捕时，都会说如下一段话："你有权保持沉默，你对任何一个警察所说的一切都将可能被作为法庭对你不利的证据。你有权利在接受警察讯问之前委托律师，律师可以陪伴你接受讯问的全过程。如果你付不起律师费，只要你同意，在所有讯问之前将免费为你提供一名律师。你是否完全了解你的上述权利？"这就是著名的"米兰达警告"。"米兰达"警告又称"米兰达规则"，它是指犯罪嫌疑人、被告人在被讯问时，有保持沉默和拒绝回答的权利。

第二节　依照程序维权

一、公民的基本诉讼权利

（一）公民有委托诉讼代理人或辩护人的权利

当人们深陷纠纷时，可以委托其他人帮助自己进行诉讼。诉讼代理人，是指以当事人一方的名义，在法律规定内或者当事人授予的权限范围内，代理实施诉讼行为，接受诉讼行为的人。辩护人，是指接受被追诉一方委托或者受人民法院指定，帮助犯罪嫌疑人、被告人行使辩护权以维护其合法权益的人。辩护人的责任是根据事实和法律，提出证明犯罪嫌疑人、被告人无罪、罪轻或者减轻、免除其刑事责任的材料和意见，维护犯罪嫌疑人、被告人的合法权益。

（二）公民有上诉的权利

我国实行两审终审原则，一个案件经过两级法院审理即告终结。当事人和其他诉讼相关主体如果不服一审判决或裁定，可以在规定期限内要求上级法院对尚未生效的一审决定或裁定的事项进行重新审理。

案例链接

　　2006年4月21日，许霆在一ATM机上取款，由于其按错键，把100按成1000，结果用仅余174元的工资卡取出了1000元。之后，许霆利用机器故障又取了174次，共取走17.5万元，并携款潜逃，被逮捕时，款项已用光。

　　广州中院一审认定许霆犯盗窃罪，且属盗窃金融机构，根据刑法的相关规定，判处其无期徒刑，并没收个人全部财产。追缴违法所得，发回银行。一审判决后，许霆提起上诉。广东省高院二审后，裁定发回重审。广州市中院对该案再次审理后，对事实部分的认定没有变化，对定罪没有变化，仅在适用法律上调整了条款，以此作出二审判决：被告人许霆犯盗窃罪，判处有期徒刑五年，并处罚金二万元，追缴违法所得，发回银行。该判决报最高人民法院核准后生效。

（三）公民有申请回避的权利

回避是指审判人员、书记员、翻译人员、鉴定人，因有法律规定的不得参与案件的审理或执行有关任务的情形，不参加对有关案件的审理或免除有关任务执行的制度。回避有两种方式，即自行回避、申请回避。申请回避是诉讼当事人的诉讼权利，当事人对于审判人员、检察人员、侦查人员、书记员、翻译人员、鉴定人、勘验人等有权提出回避申请。审判人员的自行回避和当事人申请回避结合起来，有利于保证对案件的公正审判。

二、增强证据意识

在现实生活中，很多人打官司时都有过"有理说不清"的烦恼，其根源在于手中没有符合法律要求的证据。法律意义上的"证据"即诉讼证据，是指诉讼过程中用来证明案件事实的一切凭证或根据。对司法机关而言，证据是查明案件事实情况的唯一手段。对普通公民而言，刑事诉讼中的证据是揭露犯罪的有力武器，民事诉讼和行政诉讼中的证据是当事人主张自己权利的重要工具。

（一）证据的特征

法律上的证据不同于一般的事实，具有以下特征：第一，证据要有合法性，即证据的形式、收集和查证都必须符合法律的规定；第二，证据要具有客观性，即证据必须是客观真实的，既不能捕风捉影，也不能主观臆断；第三，证据要具有关联性，即证据只有与案件事实有实质性联系，才能对案件事实具有证明作用。

（二）证据的种类

证据种类是指立法者根据我国科学技术的发展水平和证据的存在及表现形式对证据所作的法律上的划分。证据因案件性质的不同，分为刑事诉讼证据、民事诉讼证据和行政诉讼证据三种。从民事诉讼的角度而言，证据的表现形式可以分为书证、物证、视听资料、证人证言、当事人陈述、电子数据、鉴定结论、勘验笔录等。

1. 书证

书证是指以文字、符号、图形等所记载的内容或表达的思想来证明案件真实性的证据。书证的表现形式是多种多样的，从书证的表达方式上来看，有书写的、打印的，也有刻制的等；从书证的载体上来看，有纸张、竹木、布料以及石块等。在具体的表现形式上，常见的有合同、文书、票据、图案等。

2. 物证

物证是指能够以自己的存在或外部形态、质量、规格、特征等证明案件真实情况的物品和痕迹。常见的物证有：争议的标的物（房屋、物品等）、侵权所损害的物体（加工的物品、衣物等）、遗留的痕迹（印记、指纹）等。

3. 视听资料

视听资料，是指利用录音、录像、电子计算机储存的资料和数据等来证明案件事实的一种证据。视听资料是通过图像、音响等来再现案件事实的，具有生动逼真、便于使用、易于保管等特点。常见的视听资料包括录像带、录音片、传真资料、电影胶卷、微型胶卷、电话录音、雷达扫描资料和电脑贮存数据资料等。

4. 证人证言

证人证言，是指证人就所了解的案件情况向司法机关所作的陈述。我国法律规定，凡是知道案件情况的单位和个人，都有义务出庭作证。证人对于案件事实的感知受到主观和客观各种因素的制约。因此，证人证言可能有真有假，审判人员应尽可能地结合其他证据对其进行印证，印证后无误的，才可以作为认定案件事实的根据。

5. 当事人陈述

当事人的陈述是指当事人向人民法院所作的关于案件事实的陈述和承认，这是我国民事诉讼证据种类划分中的特色。由于当事人与诉讼结果有着直接的利害关系，决定了当事人陈述具有真实与虚假并存的特点。因此，审判人员在运用这一证据时要注意防止将虚假的证据作为认定案件事实的根据，对于当事人的陈述应结合案件的其他证据进行审查核实，以确定作为认定案件事实的根据。

6. 电子数据

电子数据是指通过电子邮件、电子数据交换、网上聊天记录、博客、微博、手机短信、电子签名、域名等形成或者存储在电子介质中的信息。

7. 鉴定结论

鉴定人是指那些接受聘请或指派、凭借自己的专门知识对案件中的疑难问题进行科学研究，并作出具有法律效力结论的人。鉴定结论是指鉴定人运用自己的专业或技能，对案件的专门性问题进行分析、鉴定后作出的判断性意见。民事诉讼中的鉴定结论具有广泛性和多样性，通常有医学鉴定结论、文书鉴定结论、痕迹鉴定结论、事故鉴定结论、产品质量鉴定结论、会计鉴定结论、行为能力鉴定结论等。

8. 勘验笔录

勘验笔录是指人民法院指派勘验人员对与案件争议有关的现场、物品或物体亲自进行查验、拍照、测量，并制成笔录。勘验笔录是一种独立的证据，也是一种固定和保全证据的方法。

三、举证责任

举证责任是指司法机关或当事人应当提供证据证明其所认定的案件事实或自己的主张；否则，将可能承担败诉的法律后果。举证责任解决由谁进行证明的问题，在我国三大诉讼中有所不同。

（一）民事诉讼中的举证责任

在民事诉讼中，实行"谁主张，谁举证"，当事人对自己提出的主张，有责任提供证据。当事人及其诉讼代理人因客观原因不能自行收集的证据，或者人民法院认为审理案件需要的证据，人民法院应当调查收集。如果当事人举不出有用的证据证明自己的主张，人民法院也收集不到有关的证据，当事人将承担败诉的法律后果。

（二）行政诉讼中的举证责任

在行政诉讼中，被告负有举证责任，应当提供作出该具体行政行为的证据和所依据的规范性文件，来证明自己作出的具体行政行为的合法性。人民法院有权要求当事人提供或补充证据，原告也有权提供证据来证明自己主张的事实，但主要的证明责任由作出具体行政行为的被告一方承担。

（三）刑事诉讼中的举证责任

在刑事诉讼中，自诉案件由自诉人负举证责任，人民法院也可以调查收集必要的证据；公诉案件中作为公诉人一方的检察机关负有举证责任，被告人不承担提供证据证明自己有罪或无罪的责任。

四、依法维护合法权益

我国的宪法和法律保护公民的合法权益，任何公民当自己的权益受到非法侵害时，有权通过申请调解、仲裁、行政复议、诉讼等途径维护自己的合法权益。

（一）调解

调解是指双方或多方当事人就争议的实体权利、义务，在人民法院、人民调解委员会及有关组织主持下，自愿进行协商，通过教育疏导，促成各方达成协议、解决纠纷的办法。

（二）仲裁

仲裁是指纠纷当事人在自愿基础上达成协议，将纠纷提交非司法机构的第三者审理，由第三者作出对争议各方均有约束力的裁决的一种解决纠纷的制度和方式。仲裁在性质上是兼具契约性、自治性、民间性和准司法性的一种争议解决方式。

（三）行政复议

行政复议是指公民、法人或者其他组织认为行政主体的具体行政行为违法或不当侵犯其合法权益，依法向主管行政机关提出复查该具体行政行为的申请，行政复议机关依照法定程序对被申请的具体行政行为进行合法性、适当性审查，并作出决定的一种法律制度。行政复议基本制度包括一级复议制度、合议制度、书面审查制度、回避制度、听证制度和法律责任追究制度。

（四）诉讼

诉讼是由人民法院依据法律对当事人之间争议的事实进行审理，通过司法程序解决争议的活动。当事人通过调解、仲裁、行政复议不能解决的，或者对处理结果不满意的，可以向人民法院提起诉讼，由法院作出最终裁决。

（五）避免非理性的维权手段

当事人不能通过非法途径与对方"私了"；不能忍气吞声，委曲求全；不能感情用事，不逞血气之勇；不采取以牙还牙的非法手段报复对方。

体验与践行

王东（已满 18 周岁）和李强（已满 16 周岁未满 18 周岁）均是某职业学院的学生，两人是老乡，平时总在一起玩，且都喜欢上网，没事就泡在网吧里。

2009 年 1 月 20 日下午 5 点左右，王东和李强从网吧出来，身上仅有的 20 块钱只够吃顿晚饭了，接下来的日子该怎么过呢？两人合计了一下，决定铤而走险，找个有钱的同学，抢点钱。当天晚上 8 点左右，王强和李东埋伏在学校附近的一条小路上，外出的同学陆陆续续回学校了。突然隔壁班陈刚引起了他俩的注意，听说陈刚家挺有钱的，他俩决定就找陈刚下手。王东从地上捡起一块砖，和李强一起悄悄地从陈刚后面跟了上去，随后两人互相使了一下眼色，李强冲上去一手搂住陈刚的脖子，一手捂住他的嘴巴。陈刚想反抗，王东举起手中的砖块威胁说：不要动，我们是求财的，再动就砸死你！两人把陈刚拖进了路边的树林，逼陈刚把身上的钱拿出来。陈刚不肯，李强随手给了他一个耳光，陈刚还是不肯，王东举起手里的砖头砸在他头上，陈刚不敢反抗了，李强上去从陈刚的上衣口袋搜出了 50 元现金。这时，前面好像有人经过，王东和李强拿着钱赶紧逃跑了。陈刚随即报警。民警迅速展开调查，两个小时后，民警在学校附近的网吧把正在上网的王东和李强抓获，两人对抢劫的犯罪事实供认不讳。经法医鉴定：陈刚头部的损伤已构成人体轻微伤。

请针对上述案例材料，组织一次模拟法庭活动。

图书在版编目（CIP）数据

职业道德与法律基础/杨俭修等主编.—济南：山东人民出版社，2015.7（2020.10重印）
ISBN 978-7-209-08960-9

Ⅰ.①职… Ⅱ.①杨… Ⅲ.①职业道德—高等职业教育—教材②法律—中国—高等职业教育—教材
Ⅳ.①B822.9②D92

中国版本图书馆 CIP 数据核字（2015）第 158189 号

职业道德与法律基础

杨俭修　孟桂芹　冯建立　苏运来　主编

主管单位	山东出版传媒股份有限公司
出版发行	山东人民出版社
社　　址	济南市英雄山路165号
邮　　编	250002
电　　话	总编室（0531）82098914
	市场部（0531）82098027
网　　址	http://www.sd-book.com.cn
印　　装	日照报业印刷有限公司
经　　销	新华书店

规　　格	16 开（184mm×260mm）
印　　张	13.75
字　　数	230 千字
版　　次	2015 年 7 月第 1 版
印　　次	2020 年 10 月第 6 次

ISBN 978-7-209-08960-9
定　　价　28.00 元

如有印装质量问题，请与出版社总编室联系调换。